作业安全分析（JSA）指南

王秀军　主编

中国石化出版社

内 容 提 要

　　本书在介绍作业安全分析(JSA)概念的基础上,详细介绍了作业安全分析的使用方法、作业安全分析过程中的风险评价与控制以及作业安全分析方法的管理与流程,并着重介绍了作业安全分析方法在管道行业的应用。

　　本书适合于工作在基层单位一线的班长和 HSE 监督员学习参考,同时也可以作为安全评价机构和 HSE 管理咨询公司员工的参考资料。

图书在版编目(CIP)数据

　　作业安全分析(JSA)指南 / 王秀军主编 .
—北京:中国石化出版社,2014.10(2024.6重印)
　　ISBN 978-7-5114-3042-7

　　Ⅰ.①作… Ⅱ.①王… Ⅲ.①企业管理-安全生产-指南 Ⅳ.①X931-62

　　中国版本图书馆 CIP 数据核字(2014)第 234528 号

中国石化出版社出版发行

地址:北京市东城区安定门外大街 58 号
邮编:100011　电话:(010)57512500
发行部电话:(010)57512575
http://www.sinopec-press.com
E-mail:press@sinopec.com
北京科信印刷有限公司印刷
全国各地新华书店经销

*

787×1092 毫米 16 开本 6.25 印张 124 千字
2015 年 1 月第 1 版　2024 年 6 月第 7 次印刷
定价:25.00 元

编写人员

主　　编：王秀军

副 主 编：张玉良　李　多

编写人员：俞辉辉　郑登峰　薛春娟　张明星

　　　　　刘永奇　唐家俊　陈晶晶　成焕梁

Preface 前言

作业安全分析方法最早来源于美国职业安全与健康管理局（Occupational Safety and Health Administration）出版的 OSHA 3071：2002（Revised）标准。作业安全分析（Job Safety Analysis，JSA）又称作业危险分析（Job Hazard Analysis，JHA），是一个以作业任务目标为导向的分析工具，可以在危险发生之前利用分析方法将它们识别出来。JSA 关注的重点在于员工、作业、使用的工具和所处的工作环境之间的关系。作业安全分析是一种定性风险分析方法，实施作业安全分析能够识别作业中潜在的危害，确定相应的预防与控制措施，提供适当的个体防护装置，以防止事故的发生，防止人员受到伤害。

JSA 方法在国内外均有广泛的应用。近年来我们许多国有大型石油石化企业均引入并将其作为 HSE 管理体系推进过程中主要的风险分析方法和管理工具之一。因为其能够帮助企业降低作业环节中的风险，最大程度地降低事故率。因此，作业安全分析（JSA）作为风险识别、员工培训及事故调查的工具，已经得到了广泛的认可。

经验表明，目前大多数公司和 HSE 从业人员对 JSA 的开发和使用投入关注过少；部分操作人员对 JSA 方法掌握不一，理解不透，导致该方法在应用过程中不能够起到应有的作用，甚至流于形式。

鉴于上述情况，本书结合 OSHA 3071：2002（Revised）及相关作业安全管理规范，从作业安全分析的概念、理论基础、使用方法等方面，并结合具体事例，详细地介绍了作业安全分析（JSA）的使用方法。同时，着重介绍作业安全分析（JSA）在管道行业的应用。本书主要内容如下：

（1）作业安全分析概述。从 JSA 的由来、特点及重要性方面阐述了 JSA 分析方法。同时，介绍了 JSA 的应用范围及 JSA 实施过程中的注意事项。

（2）作业安全分析过程中的风险评价与控制。介绍了 JSA 使用过程中涉及的相关术语及风险评价的相关理论基础。

（3）作业安全分析方法的管理与流程。结合具体实例，详细阐述和全面剖析了作业前安全分析的基本步骤。

（4）重点介绍了作业安全分析方法在管道行业的应用。通过大量实际案例介绍了 JSA 在常规作业、作业申请及施工管理方面的应用。

作业安全分析是一种简单、有效的控制作业风险的工具，若能在企业中广泛运用，必将给企业的安全生产管理工作带来良好的效益。通过作业安全分析可以提高作业人员的安全意识，能够比较系统、全面地分析作业中存在的风险，并采取相应的预防措施，降低事故发生的可能性。

本书是为工作在基层单位一线的班长和 HSE 监督员准备的；同时也可以作为安全评价机构和 HSE 管理咨询公司的员工用来分析工作场所和作业本身潜在危险的参考资料，以便在评价与咨询过程中能够将作业环节的风险及时反馈给服务的业主。书中解释了什么是作业安全分析(JSA)，并提供了指导方法来帮助基层员工和愿意掌握此方法的人逐步实施和掌握作业安全分析，该书同时可以作为实施 JSA 的使用指南。

本书由王秀军(军越能源科技(上海)有限公司)主编，张玉良(中石油东部管道有限公司)、李多(军越能源科技(上海)有限公司)副主编，参与编写的有：俞辉辉(中石油东部管道有限公司)、郑登峰(中石油管道联合有限公司西部分公司)、薛春娟(中石油管道联合有限公司西部分公司)、张明星(中石油管道联合有限公司西部分公司)、刘永奇(中石油管道联合有限公司西部分公司)、唐家俊(中国石油大连石化分公司)、陈晶晶(军越能源科技(上海)有限公司)、成焕梁(军越能源科技(上海)有限公司)。

本书在编写过程中，得到了有关方的大力支持和参与，在此表示衷心感谢！同时，本书编写参阅了大量的国内外文献及相关资料，在此对原著者深表感谢！鉴于作业安全分析方法有着很强的知识性、实践性，但由于时间紧，编者水平有限，书中难免存在疏漏之处，敬请批评指正，以便持续改进！

Contents 目录

第一章　作业安全分析(JSA)概述 ………………………………………… (1)

第一节　JSA 简介 ………………………………………………………… (1)

一、作业安全分析的概念 ……………………………………………… (1)

二、作业安全分析的重要性 …………………………………………… (1)

问题与思考 …………………………………………………………… (2)

第二节　JSA 的特点 ……………………………………………………… (2)

一、JSA 与事故预防 …………………………………………………… (2)

二、JSA 与安全评价的区别 …………………………………………… (4)

问题与思考 …………………………………………………………… (4)

第三节　JSA 的实施与推行 ……………………………………………… (4)

一、JSA 的工作程序 …………………………………………………… (4)

二、JSA 推行的基础 …………………………………………………… (5)

三、JSA 推行的注意点 ………………………………………………… (6)

四、JSA 推行会面临的挑战 …………………………………………… (6)

五、JSA 成功的关键要素 ……………………………………………… (6)

问题与思考 …………………………………………………………… (7)

第四节　JSA 的应用范围 ………………………………………………… (7)

一、作业危险分析适用的作业 ………………………………………… (7)

二、不适用进行 JSA 的情况 …………………………………………… (8)

问题与思考 …………………………………………………………… (8)

第二章　作业安全分析(JSA)中的风险评价与控制 ……………………… (9)

第一节　相关术语 ………………………………………………………… (9)

一、危险(Dangerous，Danger) …………………………………… (9)

二、危险源(Hazard) ………………………………………………… (9)

三、事件(Incident) …………………………………………………… (9)

四、事故隐患(Accident Potential) ………………………………… (10)

五、风险(Risk) ……………………………………………………… (10)

六、风险评价(Risk Assessment) …………………………………… (11)

七、可接受的风险(Acceptable Risk) ……………………………………………（11）

八、工具箱会议(Toolbox Meeting) ……………………………………………（11）

问题与思考 ………………………………………………………………………（11）

第二节　危害因素的辨识 …………………………………………………………（11）

一、危害因素的辨识方法 …………………………………………………………（12）

二、危害因素辨识的内容 …………………………………………………………（13）

三、危害因素描述 …………………………………………………………………（27）

四、危害和后果 ……………………………………………………………………（27）

问题与思考 ………………………………………………………………………（27）

第三节　风险评价 …………………………………………………………………（28）

一、LEC 法 …………………………………………………………………………（28）

二、风险矩阵法(定性) ……………………………………………………………（31）

问题与思考 ………………………………………………………………………（34）

第四节　风险控制 …………………………………………………………………（34）

一、风险控制原则 …………………………………………………………………（34）

二、风险控制措施选择的原则 ……………………………………………………（34）

三、风险控制层次 …………………………………………………………………（35）

四、风险控制措施的制定 …………………………………………………………（37）

问题与思考 ………………………………………………………………………（38）

第三章　作业安全分析(JSA)管理与实施流程 …………………………………（39）

第一节　任务审查 …………………………………………………………………（39）

一、初始任务审查 …………………………………………………………………（39）

二、成立 JSA 小组及准备工作 …………………………………………………（39）

问题与思考 ………………………………………………………………………（41）

第二节　JSA 的实施 ………………………………………………………………（41）

一、分解作业步骤 …………………………………………………………………（41）

二、危害因素辨识 …………………………………………………………………（43）

三、风险评价 ………………………………………………………………………（45）

四、风险控制 ………………………………………………………………………（47）

问题与思考 ………………………………………………………………………（53）

第三节　作业许可和风险沟通 ……………………………………………………（54）

一、作业许可 ………………………………………………………………………（54）

二、风险沟通 ………………………………………………………………………（54）

问题与思考 ………………………………………………………………………（54）

第四节　现场监控 …………………………………………………………………（55）

一、现场核查 ………………………………………………………………………（55）

　　二、叫停原则　……………………………………………………　（ 55 ）

　　问题与思考　………………………………………………………　（ 56 ）

　第五节　反馈与总结　…………………………………………………　（ 56 ）

　　一、总结反馈　……………………………………………………　（ 56 ）

　　二、JSA 评审　……………………………………………………　（ 58 ）

　　问题与思考　………………………………………………………　（ 58 ）

第四章　作业安全分析（JSA）在管道行业中的应用　………………　（ 59 ）

　第一节　JSA 在常规作业中的应用　…………………………………　（ 60 ）

　第二节　JSA 在作业许可中的应用　…………………………………　（ 70 ）

　　一、作业许可制度　………………………………………………　（ 70 ）

　　二、作业许可的范围　……………………………………………　（ 70 ）

　　三、JSA 在作业许可中的运用　…………………………………　（ 70 ）

　第三节　JSA 在施工管理中的应用　…………………………………　（ 80 ）

附录 A　作业危害分析表（PPEME）　………………………………　（ 85 ）

附录 B　工作前安全分析表　…………………………………………　（ 89 ）

参考文献　………………………………………………………………　（ 90 ）

第一章　作业安全分析（JSA）概述

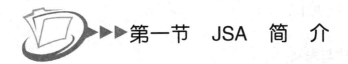

▶▶▶ 第一节　JSA　简　介

一、作业安全分析的概念

作业安全分析（Job Safety Analysis，简称 JSA），又称工作前安全分析，是由美国葛玛利教授 1947 年提出的一套旨在防范意外事故的方法，也是一种危害辨识方法，是近年来在国内外一些高危行业广泛应用的一种风险管理工具。它是指在执行工作之前，有组织地进行危害识别、风险评价和制定实施控制措施的过程。即：组织者指导岗位工人对自身的作业过程进行危害辨识和风险评估，仔细研究和记录工作的每一个步骤，识别已有或潜在的隐患并对其进行风险评估、制定措施以减小或消除这些隐患可能带来的风险，以避免意外的伤害或者损失，达到安全作业的目的。

作业安全分析不仅仅是简单易行的风险识别和管理，开展好危害辨识和风险评估，可以提高员工的安全意识、风险意识，知晓工作中的危害和风险，预防事故的发生，进一步夯实安全管理基础，同时也是国内外石油天然气行业有效提升公司安全文化的最简单和直接的方法。

二、作业安全分析的重要性

开展作业安全分析，可以帮助识别和找到以前忽略的危害因素，从而更有效防止伤害事故的发生。同时，JSA 也可以帮助员工有组织地完成工作。

正确应用作业安全分析（JSA）会揭露出企业在安全管理方面存在的问题，一个好的 JSA 也可以变成作业程序的一部分。如果发现一项重大的安全隐患，就要在完成 JSA 后、开始作业之前采取控制措施，降低潜在风险。通过事前培养思考安全的行为，使员工按照工作程序进行工作，养成安全工作的习惯。

持续不断地进行作业安全分析，有助于帮助员工了解各类作业活动中所面临的风险，以及违章可能带来的后果，可提高员工的风险意识和安全技能，提高其遵守规章制度和操作规程的自觉性。通过作业安全分析，进行自查自纠身边的不安全行为和事故隐患，在控制事故隐患方面起到了积极作用，进而做到"三不伤害"，即不伤害自己、不伤害他人、不被他人伤害。实现自我约束、自我防范、自觉搞好安全生产。

在安全生产的实践中，人们发现，对于预防事故的发生，仅有安全技术手段和安全管理手段是不够的。当前的科技手段还达不到物的本质安全化，设施设备的危险不能根本避免，因此需要用安全文化手段予以补充。不安全行为是事故发生的重要原因，大量不安全行为的结果必然是发生事故。安全文化手段的运用，正是为了弥补安全管理手段不能彻底改变人的不安全行为的先天不足。

作业安全分析同样有助于 HSE 原则在特定的作业中贯彻实施，这点是基于 JSA 是作业活动的一个重要部分，不可剥离。值得注意的是，JSA 本身并不能控制事故发生，它需要作业人员实施 JSA 的要求，进而达到控制事故发生的目的，并且通过不断完善来降低事故的再发生几率。

问题与思考

思考下面的问题，这些问题的答案可以在本节中找，有些可以在后续章节中寻找，而有些是需要小组讨论或在实践中回答。

（1）一个工作或作业只需要一个 JSA 吗？

（2）你的岗位有哪些具体工作或作业活动？

（3）你的岗位工作或作业活动都是有 HSE 作业指导书吗？

（4）你参与过 HSE 作业指导书的编制与修订吗？

（5）你的岗位工作或作业活动在工作之前作过 JSA 吗？

（6）你如何认识推广和实施 JSA 的重要性？

（7）如果你的部门已经推广实施了 JSA，你认为当前存在的主要问题是什么？

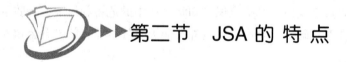

第二节　JSA 的 特 点

JSA 与其他风险评价方法相比而言，有如下特点：

（1）简单、实用、便于操作；

（2）易于掌握，可行性高，适用性强；

（3）与实际工作结合，较为有针对性、时效性；

（4）分解作业、可随客观条件变化；

（5）作业者参与其中，风险管理意识自主化。

一、JSA 与事故预防

美国安全工程师 Heinrich 在 1931 出版的著作：《安全事故预防：一个科学的方法》提出了其著名的"安全金字塔"法则，它是通过分析 55 万起工伤事故的发生概率，为保险公司的经营提出的。事故金字塔意思是：1 个死亡重伤害事故背后，有 29 起轻伤害事故，29 起轻伤害事故背后，有 300 起无伤害虚惊事件，以及大量的不安全行为和不安全状态存在。

中国石油化工集团公司安全环保局和青岛安全工程研究院搜集了 2011 年国内外石油化工行业发生的各类事故 1477 起，按照我国《生产安全事故报告和调查处理条例》中关于事故分级的有关规定，对其中国内的 306 起事故进行了分级和筛选，得到 2011 年中国事故金字塔，如图 1.1 所示。

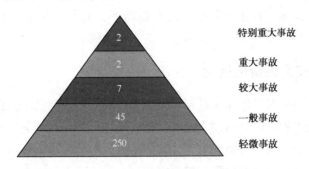

图 1.1　2011 年中国事故金字塔

从事故金字塔塔底向上分析可以看出，2011 年我国的较大以上事故、一般事故、轻微事故比例为 1∶4.1∶22.7。

海因里希"安全金字塔"揭示了一个十分重要事故预防原理：要预防死亡重伤害事故，必须预防轻伤害事故；预防轻伤害事故，必须预防无伤害无惊事故；预防无伤害无惊事故，必须消除日常不安全行为和不安全状态；而能否消除日常不安全行为和不安全状态，则取决于日常管理是否到位，也就是我们常说的细节管理，这是作为预防死亡重伤害事故最重要的基础工作。现实中我们就是要从细节管理入手，抓好日常安全管理工作，降低"安全金字塔"最底层的不安全行为和不安全状态，从而实现企业当初设定的总体方针，预防重大事故的出现，实现全员安全。

预防事故发生的基本原则主要有以下四条：

1. 事故可以预防

在这种原则基础上，分析事故发生的原因和过程，研究防止事故发生的理论及方法。

2. 防患于未然

事故隐患与后果存着偶然性关系，积极有效的预防办法是防患于未然。只有避免了事故隐患，才能避免事故造成的损失。

3. 根除可能的事故原因

事故与引发的原因是必然的关系。任何事故的出现，总是有原因的。事故与原因之间存在着必然性的因果关系。为了使预防事故的措施有效，首先应当对事故进行全面的调查和分析，准确地找出直接原因、间接原因以及基础原因。所以，有效的事故预防措施，来源于深入的原因分析。

4. 全面治理的原则

这是指在引起事故的各种原因之中，技术原因、教育原因以及管理原因是三种最重要的原因，必须全面考虑、缺一不可。预防这三种原因的相应对策分别是技术对策、教育对策及法制(或管理)对策。这是事故预防的三根支柱，发挥这三根支柱的作用，事故预防就可以取得满意的效果。如果只是片面地强调某一根支柱，事故预防的效果就不好。

作业安全分析(JSA)是对作业活动的每一步骤进行分析，辨识潜在危险，继而确定相应的管理与技术措施，在个体防护设施的辅助下，最大程度地防止事故的发生。因此，作业安全分析是组织整个风险管理系统的有机组成。

二、JSA 与安全评价的区别

作业安全分析是针对具体作业进行风险识别进而采取控制措施，较为微观；而安全评价则是利用系统工程方法对拟建或已有工程、系统可能存在的危险性及其可能产生的后果进行综合评价和预测，并根据可能导致的事故风险的大小，提出相应的安全对策措施，以达到工程、系统安全的过程，较为宏观。

作业安全分析是作业人员随时可用的一种工具，不需要专业人员，从业人员经过简单的培训即可进行安全分析。它不仅能够改善作业执行情况、提高作业计划性、促进作业前期培训，而且能够提高人员的安全意识，降低发生事故的可能性。而安全评价则需要专业人员根据安全评价的对象选择适用的作业评价方法，安全评价内容较为复杂，其评价的目的、对象和指标也与作业安全分析不同。

 问题与思考

现在思考下面的问题，这些问题的答案可以在本节中找，有些可以在后续章节中寻找，而有些是需要小组讨论或在实践中回答。

(1) JSA 有哪些特点？

(2) 什么是事故金字塔理论？

(3) 事故预防的原则是什么？

 第三节　JSA 的实施与推行

一、JSA 的工作程序

作业安全分析一般用于行为安全领域的作业分析，原则上，只要是作业，都要进行JSA，形式则分为口头与书面两种。其中，关键作业(Critical Task)则应该实施正规的书面JSA。

在制定 JSA 工作程序前，应根据作业的风险及潜在隐患等对作业进行分类，有针对性地确定作业。例如，根据事件频率或可能发生的事件后果可确定作业的优先级别等。

在此特别提出，现场作业人员对决定是否需要进行 JSA 分析尤为重要，一般情况下，现场作业人员提出这样的要求，任何人无权反对，该作业必须要进行 JSA 后，才能开展正式工作。

企业实施 JSA 的管理与实施流程主要分为五步：工作任务审查、JSA 实施、作业许可和风险沟通、现场监控、总结和反馈。具体内容详见本书第三章。

二、JSA 推行的基础

虽然开展 JSA 是企业从管理角度提出的安全要求，但 JSA 真正能够取得预期效果，还是取决于员工对待安全问题的态度。在 JSA 推行的过程中，首先需要让员工真正意识到 JSA 的重要性与必要性，让 JSA 成为员工的习惯，只有这样，才可以保证作业安全分析的顺利推广。其次，事故的发生不是偶然，安全同样存在相对性。在一个作业的实施过程中，危险是无处不在的，所谓安全，也只是将风险降低到可接受范围内。思想决定行动，正确的思维习惯与风险意识引导了安全的行为。因此，员工在这个过程中，起着至关重要的作用，开展人员培训的重要性也由此体现。

1. 通过人员培训，让员工遵守企业所制定的规章制度

"没有规矩，不成方圆"，要经常从思想深处让员工意识到安全对于每个人的重要性，要让每位员工都知道在安全生产的过程中，我们自己本身才是安全的最大受益者，同样在安全生产中的违章行为下，最大的受害者同时也是员工自身，甚至于连累家人。使每位员工从自身行动自觉自愿地遵守并完成作业前安全分析。

2. 通过人员培训，让员工认识到"安全第一"的重要性

在工作中，"要我安全"是领导对我们员工最起码的要求，是为了安全生产的基本保障，也是为了每位员工的家庭幸福着想。这也是 JSA 培训的第一个层次，首先需要对管理干部进行 JSA 培训，主要是提高认识，从管理角度重视 JSA。

而"我要安全"才是每位员工干好工作所应当具备的理念，也只有当员工从认识上有了这种思想才能真正地在日常工作中认真落实标准化作业和遵章守纪。这是 JSA 培训的第二个层次，对所有作业人员，尤其是一线操作人员进行 JSA 培训，目的在于明确 JSA 的适用范围及使用方法。

3. 通过人员培训，使员工具有高度负责的责任心

要提高和增强责任心，是需要从一点一滴的小事做起，时刻把安全牢记在心中，事事注意安全，处处安全小心，做到在班前讲安全，在班中查安全，在班后对当天的工作进行安全总结，分析典型事故案例，开展对事故的预想和预防活动，坚决杜绝在安全生产过程中的一切违章行为，消除一切不利于安全生产的隐患。

4. 通过人员培训，树立员工以人为本抓安全的观念

在现代化企业生产中，"人的因素"的作用很重要，随着生产的机械化、自动化、电子计算机的广泛开展应用，人的体力劳动减少了，但是"人机系统"中，信息的接受、加工与处理，都是由人类操纵的，不重视人的心理因素，各种事故是很难避免的；不重视人的心理因素，安全培训工作也很难奏效。

同时，JSA 作为一种培训与实用性兼备的工具，其本身就要求使用者能够在理解其理论意义上，更能灵活运用在各种作业中，因此，JSA 的实施同样离不开对人员的培训。

三、JSA 推行的注意点

新方法或技术的推广与应用需要一个循序渐进的过程，JSA 也不例外。JSA 的推行应当开展前期试点，以避免对安全管理带来大范围的不适应性。

由于 JSA 具有广泛性的特点，因为在 JSA 推行过程中如何有针对性进行和有效性进行需要特别注意以下几个方面：

1. 充分的准备工作

针对 JSA 的试点工作，制定专门方案，明确其目的、人员、管理、节点及总结验收等内容。

2. 针对性试点

有针对性地选择适合自身作业特点的 JSA 进行试点工作。

3. 专业指导及评审

在 JSA 的试点工作中，有经验的专家给予现场指导及评审，对 JSA 的全面推广有着指导性意义。

4. 全员动员，领导参与

鼓励作业人员积极参与 JSA 的试点工作，同时，作为管理人员，参与并一同完成 JSA，能够保证 JSA 的有效落实。

四、JSA 推行会面临的挑战？

JSA 作为一种安全管理与分析的工具，在全面推广实施中，避免不了会遇到各种挑战。

首先，缺乏有效性。JSA 的实施与推行离不开各级领导和作业人员的认同、支持与参与。如果从管理角度失去了对 JSA 的重视，JSA 很难广泛地开展。而从实施角度失去了对 JSA 的重视，JSA 则很难有效开展。

其次，缺乏灵活性。作业的多样性造就了 JSA 的多样性。不同的作业不可生搬硬套同一种形式的 JSA，这样无法识别真正的风险，重形式而不重内容，JSA 的推广反而变成作业人员的负担。

最后，缺乏协调性。并不是每一项作业的开始都需要一个新的 JSA，企业自身需要建立 JSA 的数据库，对已完成的 JSA 做好总结与共享工作。在对一项作业开展 JSA 前，先回顾已完成的 JSA，可以大大地减少时间与资源的浪费。

五、JSA 成功的关键要素

针对 JSA 所面临的挑战，其成功的关键有如下几点：

1. 辨别筛选

不是所有的作业都适用于 JSA，各单位首先应列举所有的作业活动清单，有针对性地辨别哪些需要做 JSA。其次，在需要做 JSA 的作业活动清单中，再通过每个作业的风险要素及评级等方面来确定 JSA 的时机与频次。

2. 灵活对待

不用作业的 JSA 不同，不用人员做出的 JSA 也不同。JSA 切忌生搬硬套一个模式，作业范围不同，风险也不同，而作业人员及分析人员的能力也不同。因此，在实际工作中，针对不同作业采取不同的 JSA 控制方案。关键作业从严管理，风险低的作业可从简。

3. 人员管理

明确各部门及各层级人员的职责。从 JSA 作业制定到实施，再到最后评审总结及分享。责任到人，才能保证一个好的 JSA 的顺利进行。同时，对各级人员进行 JSA 培训，可以提高全员的风险意识，增加安全知识，也有助于全体员工更好地学习与运用 JSA。

4. 资源分享

一个好的 JSA 可以变成正式的工作程序，因此 JSA 在完成后还需要充分的回顾与共享。对于一个能够成功实施 JSA 的企业，依托现有网络平台或信息系统建立自身的 JSA 数据库，则可以达到最大程度地共享 JSA 的成果，这样能够有效地提高 JSA 的工作质量与效率。

 问题与思考

思考下面的问题，这些问题的答案可以在本节中找，有些可以在后续章节中寻找，而有些是需要小组讨论或在实践中回答。

（1）开展人员培训对 JSA 的推广有什么作用？

（2）JSA 实施的步骤有哪些？

（3）开展 JSA 的试点运行需注意什么？

（4）JSA 推广实施可能面临哪些挑战？

（5）JSA 成功的关键是什么？

（6）JSA 是否一定需要安全管理人员签字？

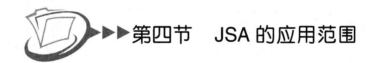 第四节　JSA 的应用范围

一、作业危险分析适用的作业

作业危险分析可以适用于众多作业。主要是以下几种关键作业：

（1）伤患率高的作业；

（2）具有严重或致残风险的作业；

（3）简单人为失误就能导致严重事故或工伤的作业；

（4）新的操作方法或者是未变更完成的工艺或工序；

（5）十分复杂需要书面操作规程的作业；

（6）由承包商员工完成的承包商作业。

原则上来讲，所有的作业都需要 JSA，但根据实际作业可采用不同的形式，书面或口头的，但都应做好记录。有经验的员工能够帮助识别与该作业相关的潜在隐患，因此请他们参加 JSA，能够更有效地保护员工的安全。

二、不适用进行 JSA 的情况

考虑到工作效率的问题，并非所有作业都要在开展之前进行 JSA，这是有前提条件的。

（1）低风险作业在充分考虑了作业环境的前提下，如果由能够胜任的员工进行操作，可不进行 JSA；

（2）已经做过 JSA 并且通过评审修正后的重复作业，经审查之前的 JSA 可行后，可以不做新的 JSA；

（3）作业的危害与风险皆明确的情况下，可不做 JSA，但是要视情况具体分析；

（4）特许作业需要进行其他危害分析的，可不做 JSA，如工艺安全管理、消防安全等。

 问题与思考

思考下面的问题，这些问题的答案可以在本节中找，有些可以在后续章节中寻找，而有些是需要小组讨论或在实践中回答。

（1）什么样的作业需要进行 JSA？

（2）什么情况下不适用进行 JSA？

（3）定期重复工作是否需要重复做 JSA？

（4）承包商作业需要做 JSA 吗？

（5）如果现场作业中改变作业，需要做新的 JSA 吗？

（6）请说明 JSA 在对压缩机更换机油的作业中的运用。

第二章 作业安全分析（JSA）中的风险评价与控制

作业安全分析是危害因素辨识与风险评价方法中的其中一种，要灵活使用这种方法，对风险管理理论基础知识的了解必不可少。本章将重点介绍在作业安全分析方法中涉及到的主要术语、危险有害因素辨识的方法、风险评价的常用方法以及风险控制的措施。

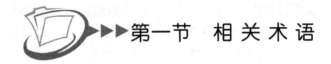

第一节 相关术语

一、危险（Dangerous，Danger）

根据系统安全工程的观点，危险是指系统中存在导致发生不期望后果的可能性超过了人们的承受程度。从危险的概念可以看出，危险是人们对事物的具体认识，必须指明具体对象，如危险环境、危险条件、危险状态、危险物质、危险场所、危险人员、危险因素等。

一般用危险度来表示危险的程度。在安全生产管理中，危险度用生产系统中事故发生的可能性与严重性给出。

二、危险源（Hazard）

在《职业健康安全管理体系 要求》（GB/T 28001—2011）中的定义为：可能导致人身伤害和（或）健康损害的根源、状态或行为，或其组合。

从危险源造成的结果来看，新标准中"危险源"的定义不再涉及"财产损失"和"环境破坏"。从危险源的本质来看，危险源是指一个系统中具有潜在能量和物质释放危险的、可造成人员伤害、在一定的触发因素作用下可转化为事故的部位、区域、场所、空间、岗位、设备及其位置。它的实质是具有潜在危险的源点或部位，是爆发事故的源头，是能量、危险物质集中的核心，是能量从那里传出来或爆发的地方。

危险源由三个要素构成：潜在危险性、存在条件和触发因素。

三、事件（Incident）

在《职业健康安全管理体系 要求》（GB/T 28001—2011）中的定义为：发生或可能发

生与工作相关的健康损害或人身伤害(无论严重程度),或者死亡的情况。

事故是一种发生人身伤害、健康损坏或死亡的事件。

未发生人身伤害、健康损害或死亡的事件通常称为"未遂事件",在英文中也可称为"near-miss"、"near-hit"、"close call"或"dangerous occurrence"。

事件的发生可能造成事故,也可能并未造成损失。由此可见,事件包括未遂事件和事故。未遂事件通常是指由于偶然因素没有造成人身伤害、健康损害或死亡的事件,但实际上,如果客观条件稍有不同就有可能造成人身伤害、健康损害或死亡,也就是事故。因此,必须将未遂事件作为数据收集、研究,以便掌握事故发生的规律和频率,并采取相应的措施,防患于未然。

四、事故隐患(Accident Potential)

在《职业安全卫生术语》(GB/T 15236—2008)中定义为:可导致事故发生的物的危险状态、人的不安全行为及管理上的缺陷。

国家安全生产监督管理总局颁布的《安全生产事故隐患排查治理暂行规定》,将"安全生产事故隐患"定义为:生产经营单位违反安全生产法律、法规、规章、标准、规程和安全生产管理制度的规定,或者因其他因素在生产经营活动中存在可能导致事故发生的物的危险状态、人的不安全行为和管理上的缺陷。

事故隐患分为一般事故隐患和重大事故隐患。一般事故隐患是指危害和整改难度较小,发现后能够立即整改排除的隐患。重大事故隐患是指危害和整改难度较大,应当全部或者局部停产停业,并经过一定时间整改治理方能排除的隐患,或者因外部因素影响致使生产经营单位自身难以排除的隐患。

五、风险(Risk)

在《职业健康安全管理体系 要求》(GB/T 28001—2011)中的定义为:发生危险事件或有害暴露的可能性,与随之引发的人身伤害或健康损害的严重性的组合。

风险的大小取决于事件发生的概率和后果的严重程度,可以用下式表示:

$$R = L(\text{Likelihood}) \times C(\text{Consequence})$$

风险矩阵(Risk Matrix)评价法就利用了这个概念,风险随着事件发生的可能性和严重性的增大而增大。

危险与风险相互联系。危险是风险的前提,风险是由危害事件出现的概率和可能导致的后果严重程度的乘积来表示的。风险是衡量危险的指标。危险客观存在,不能改变;风险则是人们用来判断危险性的表征,通过人的主观意志和合理的控制措施,能够在一定程度上降低风险值。

例如在日常生活中,人们开车出行,就有发生交通事故的危险,这种危险客观存在,不能消除,但人们通过制定交通规则、先进的汽车制造技术、优质的汽车制造材料等方法降低交通事故发生的可能性和后果的严重程度,所以仍然有越来越多的人买车,并安全地开车出行。可见,人们更关心风险,而不仅仅是危险,因为直接与人发生联系的是风险,而危险是事物的客观属性,风险是一种前提表征。我们可以做到客观危险性很大，但实际承受的风险很小。

六、风险评价(Risk Assessment)

在《职业健康安全管理体系 要求》(GB/T 28001—2011)中的定义为：对危险源导致的风险进行评估，对现有控制措施的充分性加以考虑以及对风险是否可接受予以确定的过程。

风险评价主要包括两个过程，一是通过对风险发生的可能性和严重程度进行判断，评估风险的大小；二是将得到的风险值与事先确定的最低可接受风险值进行比较，确定该风险是否在组织所接受的范围内。通过风险评价得到的结果，来判定现有的控制措施是否足够，是否需采取进一步的风险控制措施。

目前常用的风险评价方法主要有 LEC 法和风险矩阵法，将会在本章第二节详细阐述。

七、可接受的风险(Acceptable Risk)

在《职业健康安全管理体系 要求(GB/T 28001—2011)中的定义为：根据组织的法律义务和职业健康安全与环境方针，已降至组织可接受的程度的风险。

对于风险分析评估的结果，人们往往认为风险越小越好。实际上这是一个错误的概念。减小风险是要付出代价的。无论减少危险发生的概率，还是采取防范措施使发生危险造成的损失降到最小，都有要投入资金、技术和劳务。通常的做法是将风险限定在一个合理的、可接受的水平上，根据风险影响因素，经过优化，寻求出最佳方案。"风险与利益间要取得平衡"、"接受合理的风险"——这些都是风险接受的原则。风险可接受程度对于不同行业、不同系统、不同事物有着不同的准则。

八、工具箱会议(Toolbox Meeting)

作业人员在作业前，集中在一起，由作业负责人或技术人员对工作进行交底，同作业人员沟通工作中风险及安全措施的短暂、非正式的会议。

 问题与思考

(1) 什么是危险源？
(2) 事故和事件是什么关系？
(3) 危险和风险的区别是什么？
(4) 什么是可接受风险？

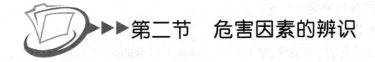 第二节　危害因素的辨识

危险因素是指对人造成伤亡或对物造成突发性损害的因素，强调伤害突发性；有害因素是指能影响人的身体健康、导致疾病或对物造成慢性损害的因素，强调危害的长期性。

通常情况下，二者并不加以区分，统称为危险有害因素。比如液化石油气、天然气和人工煤气都是可供给能量的能源，压力容器爆炸时产生的冲击波、温度和压力，吊装作业时吊起的重物所产生的势能，带电导体上的电能，行驶车辆或运动设备所具有的动能都有可能是危险有害因素。在密闭空间中，进行切割、焊接作业时，由于不完全燃烧可能产生大量的 CO，或作业环境中的氧气被燃气取代或燃气泄漏，这里的 CO 和燃气都是危险有害因素。危害因素辨识（Hazard Identification）是指识别危害因素的存在并确定其特性的过程。

危害因素的存在普遍且形式多样，从本质上讲，之所以能造成事故后果（伤亡事故、损害人身健康等）均可归结为两种情况：第一种是存在能量或危险有害物质（第一类危险源）。能量是做功的能力，它既可以造福人类，也可以造成人员伤亡、环境破坏和财产损失。有害物质是指能损伤人体的生理机能和正常代谢功能，或能破坏设备和物品的物质，比如有毒物质、腐蚀性物质、易燃易爆物质、有害粉尘等都是有害物质。第二种能造成事故的情况是能量和危险物质失去控制（第二类危险源），当两方面因素的综合作用，从而导致能量意外释放或有害物质泄漏、散发的结果。一般情况下我们所能遇见的有害物质和能量都有防护措施，防止能量的意外释放。但这些防护措施并不是万无一失的，往往现实存在的人、物、环境和管理的缺陷就有可能导致能量的释放，从而出现事故。

危险有害因素存在于每一项工作任务的各个环节中，这就要求我们对每一项工作进行危险有害因素识别。JSA 就是将每一项作业任务所需要的工具、材料、设备等按照施工作业的工序、工作步骤和所采用的方法、工艺、作业时所处的环境逐步的查找识别作业时潜在的危险有害因素，从而制定合适的风险控制措施，并落实措施执行人员，在工作中遵照执行，确保人员安全。

我们在 JSA 中首先要识别第一类危险源，因为这是能量和危险物质所固有的特性。但不仅要识别第一类危险源，更重要的是要识别第二类危险源，这些可变的危险有害因素才是我们能够采取措施加以控制和施加影响的方面。

一、危害因素的辨识方法

危险有害因素存在普遍且形式多样，很多危害因素并不容易被人们发现。因此，在了解危险有害因素的理论后，往往还需要选择合适的危害因素辨识的方法。危害因素辨识的方法很多，每一种方法在分析过程中都有其各自的特点和应用的范围。有时使用一种方法，还不足以全面地识别所存在的危害因素，所以在实际的危害因素辨识工作中往往是几种具体方法结合起来应用。常用的危险有害因素辨识方法有直观经验分析法和系统安全分析法。

1. 直观经验分析法

（1）对照分析法

对照目前已有的法律法规和标准对危险有害因素的分类，如《生产过程危险和有害因素分类与代码》（GB/T 13861—2009）《职业病分类和目录》（国卫疾控发［2013］48 号）和《企业职工伤亡事故分类》（GB 6441—86）查找和分析作业中可能存在的危险有害因素。该方法能够较全面的分析危险有害因素。

（2）类比推断法

获取类似企业具有相同性质的工作任务的危害因素辨识材料和相关作业活动曾经发生过的事件、事故、职业病记录和台账，与自身情况相对比可以较为快捷地辨识所存在的危害因素。因为这些材料也是时间经验的积累和总结，对那些作业过程、作业环境、人员能力、技术装备等方面具有相似性的企业，在事故类别、伤害方式、伤害部位、事故概率等方面及其相近，具有较高的置信度和较高的效率。

（3）询问与交谈

和具有某项工作经验的人(如某领域的专家)询问与交谈，往往能辨识出其工作中的危害因素，识别人员做好记录，进而就可以从中了解到此项工作所存在的危害因素。

（4）现场观察

通过对作业活动所处的地理环境、自然条件、功能区划分、设施布局、作业条件等方面的现场观察，可发现存在的危害因素。对同类工作不同人员的不同作业方式进行观察、比较、分析各不同方式可能导致的后果。从事现场观察的人员，要求具有相应的知识、技能和经验，对现场观察出的问题做好记录。

2. 系统安全分析法

系统安全分析方法是应用系统安全工程评价方法中的某些方法进行危险有害因素的辨识。常用的系统安全分析方法有安全检查表法、预先危险分析方法、危险和可操作性研究、事件树法、事故树法以及结合事件树和事故树的领结图分析法等。

领结图分析法(Bow-Tie Analysis，BTA)是在石油化工领域广泛应用的一种方法，这是通过假设，用图表示一个危害是如何产生并导致一系列后果的分析方法。这种方法没有使用逻辑门的连接，使用起来更加简便和易于掌握，在查找原因和后果的同时，还可以分析到现有的控制措施，并进一步分析引起现有措施失效的原因以及现有措施失效后发生的次生后果。如图2.1所示，通过领结图分析可得：天然气外输管线泄漏产生的原因有"第三方破坏"、"恐怖袭击"、"自然灾害"、"管道腐蚀"等，可能造成的后果有"火灾爆炸"和"人员伤害"。其中防止"第三方破坏"的控制措施有"管线巡防"、"审查第三方施工方案"、"现场监护"和"验收"；防止"恐怖袭击"、"自然灾害"和"管道腐蚀"的控制措施如图2.1所示。在产生"火灾爆炸"后果的控制措施中分析出，虽然有"巡线报警"的防护措施，但仍然存在"报警不及时"的可能性，目前无控制措施防止"巡线报警"不及时的情况，因此在这个环节需要采取相应的措施。

通过领结图的使用，可以形象地表示危险有害因素引发事故的原因及其控制措施和对事故后果的削减、补救措施。在作业安全分析中使用此方法，可全面分析关键任务中可能存在的危险有害因素，并制定详细、全面的各项控制措施。使用此图表需注意，语言表述通俗易懂，表述明确，以便更好地制定措施控制关键任务。

二、危害因素辨识的内容

由前述内容可知，存在能量、有害物质和失控是危险源产生的根本原因，都是危害因素。危害因素的辨识应考虑：第一类危险源(能量或危险物质)和第二类危险源(四种失控状态)。即首先要识别第一类危险源可能导致的事故是什么，然后再去寻找导致事故的原因是什么，也就是第二类危险源。危险有害因素辨识的内容如表2.1所示。

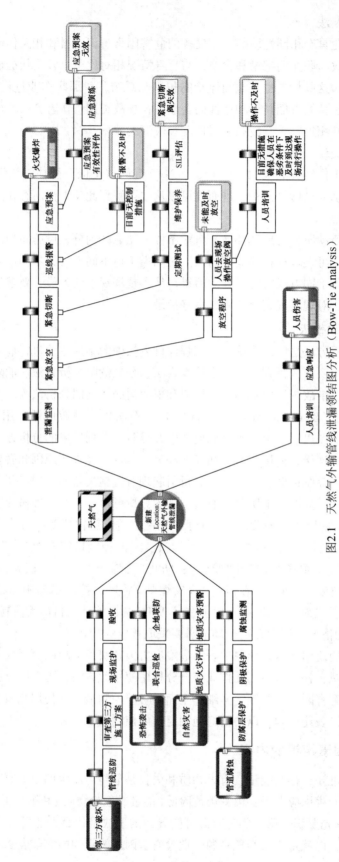

图2.1 天然气外输管线泄漏领结图分析（Bow-Tie Analysis）

表 2.1 危险有害因素辨识清单

第一类危险源(根源)

能量	机械能	包括运动物体以及静止物体的运动部分,可造成物体打击、车辆伤害、机械伤害
	热能	包括高温、低温物质,可造成灼烫、冻伤、火灾、爆炸
	电能	包括所有类型和所有电压等级的电,如高压电、电池、静电等。可能造成触电、火灾、灼伤等
	化学能	各种形态的(气体、液体、粉尘或固体)物质内部固有的能量的释放,包括毒性、可燃性、可爆性、腐蚀性等,可导致中毒、窒息、职业病、火灾、爆炸、腐蚀
	重力势能	可导致人或物体倒地、倒塌、坍塌、高处坠落、冒顶、片帮、起重伤害
	压力势能	各种气体、液体以及弹簧等都可能存在压力势能,释放时可造成危害,如锅炉爆炸、压力容器爆炸
	声能	声能也是压力能量的一种,可能造成耳鸣、耳聋等听力伤害,一般要单独考虑
	人体能量	人体自身活动产生的能量,比如人工搬运、推、拉、跑、爬、固定姿势等
	辐射	包括核辐射、同位素辐射、太阳辐射等,可造成急性或慢性伤害、职业病等
	生物能	各种生物产生的危害,比如细菌、动物(如毒蛇)、有毒植物、病毒、病原体载体等,可能导致各类中毒、疾病和伤害
危险物质		如硫化氢、一氧化碳、甲醛、氰化钾等有毒有害的气、液、固态等化学物质

第二类危险源(状态)

人的失误	如工作态度不正确、技能或知识不足、生理/心理状况不佳、劳动强度过大或工作时间过长、劳保用品穿戴不当等
机(物)故障	如设备/材料质量低劣、腐蚀造成设备泄漏、电气设备绝缘损坏造成漏电或短路、联锁控制系统失效、报警装置误报、安全泄放装置失效等
管理缺陷	目标制定不合理、制度建设不完善、培训计划未有效完成、变更管理不到位、监督检查工作执行不力等
环境不良	室内外作业环境不良,如照明、气温、湿度、作业空间大小、有害气体含量、建筑物结构等

作业安全分析过程中,要针对每个作业步骤,考虑以下问题:

(1)作业过程中会出现什么异常或问题?

(2)异常或问题可能导致什么后果?

（3）产生异常或出现问题的原因是什么？

（4）还有什么其他的影响因素吗？

（5）出现这些异常或问题的可能性有多大？

GB 6441—86《企业职工伤亡事故分类》和《职业病分类和目录》（国卫疾控发〔2013〕48号）可以提供更多的提示。

GB 6441—86《企业职工伤亡事故分类》中按照伤害的类别将事故分为20类。见表2.2。

表 2.2　企业伤亡事故分类

序号	事故类别名称	序号	事故类别名称
01	物体打击	011	冒顶片帮
02	车辆伤害	012	透水
03	机械伤害	013	放炮
04	起重伤害	014	火药爆炸
05	触电	015	瓦斯爆炸
06	淹溺	016	锅炉爆炸
07	灼烫	017	容器爆炸
08	火灾	018	其他爆炸
09	高处坠落	019	中毒和窒息
010	坍塌	020	其他伤害

2013年12月23日，国家卫生计生委、人力资源社会保障部、安全监管总局、全国总工会4部门联合印发《职业病分类和目录》。该《分类和目录》将职业病分为10类132种：

（1）职业性尘肺病及其他呼吸系统疾病，其中包括尘肺病13种和其他呼吸系统疾病6种；

（2）职业性皮肤病，包括接触性皮炎、光接触性皮炎、电光性皮炎、黑变病、痤疮、溃疡、化学性皮肤灼伤、白斑和根据《职业性皮肤病的诊断总则》可以诊断的其他职业性皮肤病等9种；

（3）职业性眼病，包括化学性眼部灼伤、电光性眼炎、白内障3种；

（4）职业性耳鼻喉口腔疾病，包括噪声聋、铬鼻病、牙酸蚀病、爆震聋4种；

（5）职业性化学中毒，包括铅及其化合物中毒、汞及其化合物中毒、锰及其化合物中毒等60种；

（6）物理因素所致职业病，包括中暑、减压病、高原病等7种；

（7）职业性放射性疾病，包括外照射急性放射病、外照射亚急性放射病、内照射放射病等11种；

（8）职业性传染病，包括炭疽、森林脑炎、布鲁氏菌病、艾滋病、莱姆病等5种；

（9）职业性肿瘤，包括石棉所致肺癌、间皮瘤、联苯胺所致膀胱癌、苯所致白血病等11种；

（10）其他职业病，包括金属烟热、滑囊炎（限于井下工人）、股静脉血栓综合征、股动脉闭塞症或淋巴管闭塞症（限于刮研作业人员）3种。

在危害因素辨识时，可以根据作业步骤，首先从以下四个方面来考虑：

（1）物（设施）的不安全状态，包括可能导致事故发生和危害扩大的设计缺陷、工艺缺陷、设备缺陷、保护措施和安全装置的缺陷；

（2）人的不安全行为，包括不采取安全措施、误动作、不按规定的方法操作，某些不安全行为（制造危险状态）；

（3）可能造成职业病、中毒的劳动环境和条件，包括物理的（噪声、振动、湿度、辐射），化学的（易燃易爆、有毒、危险气体、氧化物等）以及生物因素；

（4）管理缺陷，包括安全监督、检查、事故防范、应急管理、作业人员安排、防护用品缺少、工艺过程和操作方法等的管理。

为防止遗漏，在辨识的过程中应注意：

（1）危险、危害因素的分布。为防止遗漏，一般按平面布局、建（构）筑物、物质、生产工艺及设备、辅助生产设施（包括公用工程）、作业环境危险等分析其存在的危险、危害因素，得出系统中的危险、危害因素及其分布状况等综合资料。

（2）伤害（危害）方式。指对人体造成伤害、对人身健康造成损坏的方式。例如，机械伤害的挤压、咬合、碰撞、剪切等，中毒、生理功能异常、生理结构损伤形式（神经紊乱、窒息）。

（3）伤害（危害）范围。大部分危险、危害因素是通过与人体直接接触造成伤害。如爆炸是通过冲击波、火焰、飞溅物体在一定空间内造成伤害；毒物是通过直接接触（呼吸道、食道等）或一定区域内通过呼吸带的空气作用于人体；噪声是通过一定距离内的空气损伤听觉的。

JSA的主要目的是防止作业人员受伤害，并防止设备和其他系统受到影响或损害，因此，进行作业安全分析时不仅要考虑作业人员不规范操作的因素，还要分析作业环境中可能存在的潜在危害。识别各步骤潜在危害时，可以从以下提示清单入手：

（1）作业过程中是否存在能量释放的部位，包括热能、电能？

（2）是否存在火灾爆炸的可能性？

（3）作业人员是否有可能触电？

（4）是否有能引起伤害的固定物体，如锋利的设备边缘？

（5）作业者能否触及机器部件或在机器部件之间操作？

（6）作业者能否受到运动的机器部件或移动物料的伤害？

（7）操作者是否会被物体冲撞（或撞击）到机器或物体？

（8）作业者是否可能滑倒、绊倒或摔落？

（9）作业人员是否可能因推、举、拉、用力过度而扭伤？

（10）从业人员是否可能暴露于极热或极冷的环境中？

（11）是否存在过度的噪声或震动？

（12）是否存在物体坠落的危害因素？

（13）是否存在照明问题？

（14）天气状况是否可能对安全造成影响？

（15）存在产生有害辐射的可能吗？

（16）是否可能接触灼热物质、有毒物质或腐蚀物质？

（17）空气中是否存在粉尘、烟、雾、蒸汽？

（18）从业人员是否可能接触有害物质？

（19）工具、机器或装备是否存在危害因素？

（20）维修设备时，是否对相互连通的设备采取了能量隔离？

（21）操作环境、设备、地槽、坑及危险的操作是否有有效的防护？

（22）是否穿着个体防护服或佩戴了合适的个体防护用具？

进行危害因素辨识时，还应该考虑环境方面的影响，主要考虑以下情况：

（1）对环境有害物质的释放；

（2）对环境有害物质的溢出；

（3）可能污染环境的产品；

（4）对大气的影响；

（5）对土壤的影响；

（6）对地表水或地下水的影响；

（7）活动中产生的固体废弃物等。

在实际操作过程中，进行识别危害因素，可事先编制危害因素辨识提示表，在本书中提供表2.3工作前安全分析清单供参考。

表 2.3　工作前安全分析清单

危险性	控 制 措 施		
	在适合处打钩		需要时补充
1.0 物理的			
1.1—噪声 （桩机、压缩机、泵）	限制暴露时间	噪声监测	
	报警标志/通告	屏蔽/防护栏	
	安装消声器/消音器	成套 PPE 耳塞+耳套	
	单个 PPE 耳塞	低噪声设备	
1.2—温度（与冷热表面接触，如邻近设备、保温、低温、自动制冷、裸法兰；作业环境高温/低温）	限制暴露时间	温度/湿度测量	
	机械通风	个人防护设备（规定）	
	遮蔽/挡板	休息＆恢复精力	
1.3—恶劣气候（冰雪、下雨、海上情况、大小风、沙尘暴等）	停止工作	有系带的安全帽	
	限制进入	个人防护设备（规定）	
	提供掩蔽处	提前预报	

危险性	控制措施			
	在适合处打钩			需要时补充
1.4—振动(敲击工作、重型装置使用或设备保养不良等)	支架/减震器		定期休息	
	检查设备灵敏度			
1.5—挖掘(污染土壤、掩埋、护边)	防护栏/照明		交通管制	
	道路封闭		道路盖板	
	如果深度大于1.3m,办理受限空间作业票证		通道/出口/支护/斜坡	
1.6—照明(强烈、照明不良、激光等)	手提灯		照明灯柱	
	危险区域设备		临时供电	
1.7—滑坡/绊倒/坠落(不平/滑表面、作业环境不整洁、冰等)	表面去除滑脂		防滑涂层	
	坠落防护设备		表面不均匀的步履板	
	边缘设扶手		警告标志	
	危险警示带		安全设备位置	
	防滑踏板		防护栏	
	高处的固定缆绳			
1.8—压力/储存能量/高压水喷射(压缩空气、高压蒸汽、带压流体或气体等)	泄压/排放		限制管线移动	
	控制进入该区域		使用认证的设备	
	隔离		个人防护设备(规定)	
	防护眼镜和护目镜		警示标志(通告)	
1.9—压力试验(悬挂负荷、液压系统等)	作业区域设置防护栏		遵守安全工作程序	
	在白天作业		附加的PPE(规定)	
	控制作业区的人员		排水	
	排出气泡		逐渐增加压力	
1.10—手工处理(如人工搬运、吊升、推拉等)	使用机械		卸去负荷	
	手工处理评估		两个以上人员抬起	
	体力测试		个人防护设备,培训	
1.11—粉尘	保持地面湿润		抽吸	
	个人防护设备(规定)		通风	
	呼吸保护设备(规定)		设备接地以免静电	
……	……		……	……

危险性	控 制 措 施			
	在适合处打钩			需要时补充
2.0 电气的				
2.1—静电	设备接地		设备屏蔽接地	
	泡沫地毯			
2.2—电压	剩余电流装置		设备检查	
2.3—使用电动工具	便携式工具的测试		危险区域	
	最大110V		动火作业许可证/临时用电许可证	
	工作位置有防护措施		适当的PPE	
2.4—照明	手提灯		保证供电	
	照明灯塔			
……	……		……	……
3.0 着火/爆炸				
3.1—起火源(明火,打磨、切割、钻孔、焊接产生的火花,表面温度高,摩擦静电,接地无/损坏,附近工艺排空和导凝产生的残余碳氢化合物等)	动火作业许可证		惰性气体	
	灭火器		火灾探测器	
	消防水管		消防备用品	
	水幕		连续的气体监测	
	屏障/防火布			
3.2—气瓶	正确存放		连接软管状况	
	防回火装置		使用前检查	
	限制车辆进入		火花抑制装置	
	定期气体测试		连续的气体试验	
	正确的个人防护设备		通风	
	压力表		锁紧扳手	
3.3—爆炸(内破)化学品、压力(真空)、灰尘、雾气、低点燃能量材料(如氢气)等	压力监控		泄压设施	
	火灾探测器		屏障/防火布	
	水幕		连续的气体监测	
	消防水管		灭火器	
	消防备用品			
……	……		……	……

危险性	控 制 措 施			
	在适合处打钩			需要时补充
4.0 化学品与健康				
4.1—与化学品或危险物品（烟雾、蒸汽、粉尘）接触（腐蚀性、有毒、有害、刺激性、氧化、易燃、敏感等）	对健康有害物质控制的评估		就地排气通风	
	材料安全数据		监控	
	个人防护设备（规定）		呼吸保护设备（规定）	
	呼吸装置		限制暴露时间	
	密封罐车		作业区设置防护栏	
	机械通风		安全警示标识（安全标签）	
	洗眼设备		培训	
4.2—化学品的存放	就地通风		对该区域筑堤隔开	
	警告标志/通告		急救/洗眼设施	
	分类存放		危险化学品评估	
	材料安全数据单信息		应急处置设施	
4.3—电离辐射	查阅现场程序			
4.4—医疗健康	由护士进行健康检查		限制工作活动	
……	……		……	……
5.0 环境				
5.1—气味/散发	关闭蒸汽		通知联络人员和 HSE 人员	
	空气采样		控制该区域	
5.2—向地表水中排放	测试 PH 值		封闭易引起火灾建筑物	
	该区域筑堤		有真空罐备用	
5.3—固体/液体废物	处理方式		罐车/废物箱	
	堆放区		废物上贴标签	
5.4—存在淹溺的环境（波浪、潮水、湿滑表面、水池、污油地等）	气候警示		防护围栏	
	防滑设施		完好的盖板	
	警示标识		个人防护设备	
……	……		……	……

危险性	控 制 措 施			
	在适合处打钩			需要时补充
6.0 吊装作业				
6.1—地下设施/电缆	检查低级	审视图纸		
	履带式推土机	起重机合格证		
6.2—地面状况	钢垫板	用长吊臂起重机		
6.3—可操纵性/摆动限制性	防护栏	增加起重信号工		
	安全巡逻员			
6.4—区域/进入/出口的控制	道路封闭通告	交通管制		
	起重信号工	隔开起重区域		
	设备离孔洞保持2m远	标志/通告		
	较小的负载	选择合适的时间进行		
6.5—在带电减小提升设备上方吊装	对意外情况作出计划	脚手架平台		
	隔离设备	减少提升高度		
6.6—在电缆上方/下方吊装	竖立杆	驾驶舱隔离		
	警示带	通知电气部门		
6.7—照明/可见度	塔式照明	增加起重信号工		
6.8—负载没有标记	检查记录	与上级联络		
	核对安全工作负载指示			
6.9—人员升降	指定的升降设备	安全降落区		
	坠落防护吊绳	与吊装设备分开		
	最大风速30m/h	与上级联络		
	只用认证合格的设备	对区域控制		
……	……	……		……
7.0 隔离				
7.1—未经证实的隔离	通风/排水	氮气吹扫		
	开放蒸汽	注水		
	检查管线压力	个人防护设备		
	气体试验			
7.2—断开安全外壳/疏水口/下水道	防护镜/护目镜	安全外壳/筑堤		
	盖住疏水口	呼吸保护设备		
	呼吸器械	PPE 个人防护设备		

危险性	控 制 措 施		
	在适合处打钩		需要时补充
7.3—不良的搬运方案	起重机	临时提升梁	
	人工搬运评估	结构	
7.4—不合适的通道/出口	安装临时脚手架	清理平台	
	增加起重信号工	提供 2 个通道	
……	……	……	……
8.0 人员			
8.1—学员/实习生	增加培训	不断的监督	
	作业危险评估	限制体力活动	
8.2—能力	评估合同细节	证书检查	
	附加作业培训	不断的监督	
	精通工作前安全分析		
8.3—对其他工作/人员的影响	工作前安全分析或许可证审核	用防护栏控制区域	
	审核其他工作	现场检查和监督	
……	……	……	……
9.0 限制空间的进入			
9.1—缺氧	氧气监测/连续呼吸器	如 19.5% < O_2 浓度 <20.5%，不需要呼吸器即可进入	
	如 O_2 浓度<19.5%应使用专业呼吸器	通风	
9.2—可燃物品的使用	通风	气体/低爆炸限监视	
	个人保护设备/呼吸保护设备	可燃气体的浓度应为最低量	
	危险化学品的评估	使用防爆设备和消防设备	
	储存在外边		
9.3—危险物/气体的进入	遮盖当地的排水沟	连续空气监测	
	防止排放		

危 险 性	控 制 措 施			
	在适合处打钩			需要时补充
9.4—产生有毒烟雾/剩余物	通风	呼吸器械		
	个人防护设备/呼吸保护设备	气体监测/连续		
	污泥分析			
9.5—灰尘	监视空气中的灰尘	就地排气通风		
	危险化学品评估	呼吸保护设备(规定)		
	加强空气通风	使地面保持湿润		
9.6—身体限制	限制个人嗅闻	机械通风		
	避免内部储存	限制物体移动		
	减震帽			
9.7—温度/湿度	温湿度测量	限制暴露时间		
	间断性休息	个人防护设备/呼吸保护器		
	强制通风	人员的交替		
	最大40℃限制			
9.8—静电/限制导体地点	设备接地	安全开关		
	低压设备(<12V)	和电力部门商议		
9.9—应急安排	应急道路通畅	道路交通管制		
	消防车就绪	安全带/救生索		
	安全部门的指导	有救援队伍		
	救护车备用	计划道路路线		
	区域控制			
9.10—进/出口	临时平台	防护栏/标志		
	露天保护设施	良好的照明		
	手电筒	个人照明		
	救生索			
9.11—通信/进入控制	有限空间进出的记录	监护人		
	设置道路看守人	无线电		
	火灾探测器	警笛/雾号/哨子		

危险性	控制措施			需要时补充
	在适合处打钩			
9.12—限制搬运	拆卸设备		人工搬运评估	
	啮合装置		提供"A"框架	
9.13—放射源	参考现场程序		警告标记	
	防护栏/通告		工作许可证	
	PPE 个人防护设备			
9.14—绝缘	参考现场程序		污染物掩蔽	
	空气监测		个人防护设备/呼吸保护设备	
9.15—照明	标识危险区域		低电压：24V	
	闪光灯		泛光照明	
	接地			
9.16—着火/爆炸	减少粉尘的累积		动作许可证	
	连续气体监测		防止火花飞溅措施	
	火灾探测器		防止弧光眼的隔板	
	灭火器		消防水管	
9.17—涉及其他的影响	烟气排放方案		工作区域隔离	
	许可证审核		进入容器/监护人	
9.18—穿戴呼吸器进入	只有经过呼吸器使用培训的人员		作业许可证	
……	……		……	……
10.0 高空作业				
10.1—高空坠落	提供和强制穿戴PPE以防止坠落(即防滑鞋、安全带、保险带、吊绳、坠落制动设备)		尽可能提供专用的稳定的工作平台	
	锚固点		人工复原	
	停止工作		提供护栏	
	提供固定在货车上的平台		根据设计按顺序搭建和拆除	
	在工作平台范围内作业		提供吊车吊篮	
	安装防风屏		提供可升降平台	
	提供吊篮		提供合适的边缘保护	

危险性	控制措施			
	在适合处打钩			需要时补充
10.2—坠落部件	不足以支持结构物的地面支撑		不恰当的踢脚板保护	
	恶劣气候		扇形落物保护装置	
	密目安全网			
……	……		……	……
11.0 交通控制				
11.1—车辆碰撞	交通路线计划		交通指挥人员	
	单行道系统		车辆检查表	
……	……		……	……

下面，以旋风分离器的全面检查作业为例，研究这一作业活动的危害因素识别。

1. 识别人的危害因素

（1）检测工具未拿稳，跌落，有可能造成人员受伤，检测设备故障；

（2）操作阀门错误，可能造成憋压或误开关；

（3）氮气瓶误装其他气体，严重时可能导致火灾爆炸；

（4）置换未彻底，分离器内残留天然气，可能导致火灾爆炸；

（5）未观察分离器内压力，打开人孔，可能由于分离器内压力过高，可能导致人孔封盖击伤操作人员；

（6）未系安全带，未设置防护网，可能导致施工人员遭受机械损伤或高处坠落；

（7）检漏过程中未检查人孔、排污盲板处的密封情况，有可能存在密封不良，严重时导致天然气泄漏；

（8）使用不合适的工具关闭人孔或排污盲板，有可能造成操作人员挤伤手指。

2. 识别设备的危害因素

（1）进出口球阀内漏，可能导致天然气不能完全放空，可能造成带压作业；

（2）注氮口连接处松动，氮气泄漏，可能造成人员窒息；

（3）照明工具不防爆，严重时导致人员伤亡。

3. 识别环境的危害因素

（1）硫化亚铁与空气、天然气接触，导致闪爆，造成闪爆事故；

（2）局部作业环境差，如空间狭小，不通风，易造成易燃易爆气体积聚，发生火灾爆炸，或氧含量不足，人员窒息。

识别危害因素的过程，实际上是检验我们平时工作中对危害因素的认识是否正确、全面的一个非常好的方法，同时也是全面提高员工对危害因素的认识水平的一个非常好的过程。因为，在平时的工作中，无论一个人的知识和经验多么丰富，都有一定的局限性和片面性，那种对工艺、设备、电气、仪表都非常熟悉的人是几乎没有的，即使有这样的人，他也不可能在较短的时间内将所有的危害因素一一识别出来。因此，在每次识别某一方面的危害因素时，要鼓励某工种或对该方面有经验的人首先发言，然后请其他人对此做出肯定、否定、补充、完善的意见和建议。可以借鉴和采用领结图分析法来辨识危害因素和制定控制措施。

在识别危害因素时还应参考"作业危害分析表（PPEME）"（参见附录 A）。

三、危害因素描述

在辨识出危险有害因素后，要在工作前安全分析表危害因素一栏中对其做具体的描述。准确、简洁的危害因素描述有助于员工理解，便于控制措施的选择。在描述危险有害因素时要考虑以下几个方面：

（1）用词准确具体，避免使用简略用语，切忌模糊、笼统。如"PPE 佩戴不当"的描述过于笼统，好的描述应为"没有佩戴防护面罩"等。

（2）危害因素的描述过程应完整，避免只有名词或动词。如"密封不好"，好的描述应为"压力表连接处密封不好"。

（3）句子尽量简单、工整，避免口语化。

（4）不能将风险作为危害因素描述。如"火灾"，好的描述应为"作业前未检测现场易燃气体浓度"。

（5）不能将作业活动作为危害因素描述。如"登高"，好的描述应为"上罐时注意力不集中，摔倒"，再如"戴手套"，好的描述应为"戴手套操作台钻"等。

我们描述危害因素就是为了能让操作人员清楚的辨别作业中具体危害存在的点，因此，危害因素的描述需要细致、具体。比如这项作业操作失误是什么操作，设备缺陷应明确具体是哪个设备哪个部位的什么缺陷，管理制度不完善应明确具体是哪项管理制度不完善，等等。当然也应该注意，危害因素的描述不能过于繁琐，不便于使用。

四、危害和后果

在准确描述了危险有害因素之后，还需要对危害因素可能造成的结果进行判断。后果的描述通常从四个方面来考虑：人员伤亡、环境破坏、财产损失和声誉受损。描述时，要尽量写明危害可能伤害的对象、影响的范围，这样才能制定有针对性的控制措施，从而取得风险控制的效果。

 问题与思考

（1）危险有害因素如何辨识？
（2）常用的危险有害因素辨识方法有哪些？
（3）危险有害因素如何分类？

（4）在作业安全分析中如何辨识危险有害因素？

（5）危险有害因素和后果描述时应注意哪些问题？

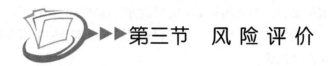

第三节　风险评价

危险有害因素的辨识只是整个风险管理的第一步。要实现对风险的控制，还需对风险进行评估。对于风险来讲，并不是越小越好，而是要衡量这些危害可能造成的事故或伤害结果的程度是否在我们可以接受的范围内，也就是我们所说的最低合理可行原则（As Low As Reasonably Practicable，简称 ALARP）。风险的最低可接受标准需要根据行业、企业的实际情况考虑。风险评价时，通过判断危险有害因素发生的频率、产生的后果确定风险等级，再与可接受标准对比，从而根据不同的风险等级，确定控制先后顺序，采取相应的控制措施，确保人员、环境和财产的安全。

根据风险分析的目的、可获得的可靠数据以及组织决策的需要，风险分析可以是定性的、半定量的、定量的或以上方法的组合。在作业前安全分析中，大多数情况下我们不能得到可靠的统计数据，因此，我们多采用定性评估的方法。定性评估可通过"高、中、低"这样的表述来界定风险事件的后果、可能性及风险等级。如果将后果和可能性结合起来，并与定性的风险准则比较，即可评估最终的风险等级。这里介绍两种最常用的方法：LEC 法和风险矩阵法。

一、LEC 法

作业条件危险分析法（LEC 法）是由美国的格雷厄姆（K. J. Graham）和金尼（G. F. Kinney）研究了人们在具有潜在危险环境中作业的危险性，采用与系统风险率相关的三方面指标来评价系统中人员伤亡的风险大小，这三种指标分别是：

"L"代表"发生事故的可能性"（Likelihood）；

"E"代表"暴露在危险环境的频繁程度"（Extent of exposure）；

"C"代表"发生事故产生的后果"（Consequence）。

如果风险用"D"表示，则风险 D 的计算公式为

$$D = L \times E \times C$$

1. 发生事故的可能性（L）

当用概率来表示事故发生的可能性大小时，绝对不可能发生的事故概率为 0，必然发生的事故概率为 1。然而，从系统安全角度考察，绝对不发生事故是不可能的，即概率为 0 的情况不确切，所以人为地将发生事故可能性最小的分数定为 0.1，而必然要发生的事故的分数定为 10，介于这两种情况之间的情况指定为若干中间值。见表 2.4。

表 2.4 事故发生的可能性(L)

事故发生的可能性	分 数 值
完全可以预料(1 次/周)	10
相当可能(1 次/6 个月)	6
可能,但不经常(1 次/3 年)	3
可能性小,完全意外(1 次/10 年)	1
很不可能,可以设想(1 次/20 年)	0.5
极不可能(1 次/大于 20 年)	0.2
实际不可能	0.1

2. 暴露于危险环境的频繁程度(E)

人员出现在危险环境中的事件越多,则危险性越大。规定连续出现在危险环境的情况定为 10 分,而非常罕见地出现在危险环境中定为 0.5 分,介于两者之间的各种情况规定若干个中间值,见表 2.5。暴露频次是指具有危害的工作多长时间进行一次。

表 2.5 暴露于危险环境的频繁程度(E)

暴露于危险环境的频繁程度(暴露频次)	分 数 值
连续暴露(>2 次/天)	10
每天工作时间内暴露(1 次/天)	6
每周一次或偶然暴露	3
每月一次暴露	2
每年几次暴露	1
非常罕见暴露(<1 次/年)	0.5

3. 发生事故产生的后果严重性(C)

事故造成的人身伤害与财产损失变化范围很大,所以规定分数值为 1~100,把需要救护的轻微伤害或较小的财产损失的分数规定为 1,把造成多人死亡或重大财产损失的分数规定为 100,其他情况的数值介于 1~100 之间,见表 2.6。严重性是指危害变成潜在事故或伤害的严重程度。

表 2.6 发生事故产生的后果(C)

发生事故产生的后果	分 数 值
重大灾难,10 人以上死亡,或造成重大财产损失	100
灾难,3~9 人死亡,或造成很大财产损失	40
非常严重,1~2 人死亡,或造成一定的财产损失	15

发生事故产生的后果	分 数 值
严重，重伤，或造成较小的财产损失（损工事件①，LWC）	7
重大，伤残，或很小的财产损失（医疗事件②，MTC，限工事件③，RWC）	3
引人注意，不利于基本的安全卫生要求（急救箱事件④，FAC 以下）	1

①损工事件（LTC, Lost Workday Case）：人员受伤后下一工作日不能工作的情况。

② 医疗事件（MTC, Medical Treatment Case）：人员受伤需要专业医护人员进行治疗，且不影响下一班次工作的情况。

③ 限工事件（RWC, Restricted Work Case）：人员受伤后下一工作日仍能工作，但不能在整个班次完成所在岗位全部工作，或临时转岗后能在整个班次完成所转岗位全部工作的情况。

④ 急救箱事件（FAC, First Aid Case）：人员受伤仅需一般性处理，不需要专业医护人员进行治疗，且不影响下一班次工作的情况。

4. 危险程度（D）

进行完暴露频率、事故发生严重性和可能性的分析后，根据 LEC 的方法，风险值是以上三个因素的乘积，即 $D=L×E×C$，根据这个公式就可以计算出危险程度。

危险程度 D 求出之后，将 D 值与危险性等级划分标准中的分值相比较，进行风险等级划分，见表 2.7。根据经验，D 值在 20 以内被认为只是稍有风险，是可以接受的；20~69 分认为是一般风险，需要注意，这样的风险类似我们日常生活中骑自行车去上班；如分数达到 70~159，那就有显著的危险性，需要及时整改，并编制管理方案；如果风险值为 160~320，必须立即采取措施进行整改，并编制管理方案和应急预案；320分以上表示极其危险，不能继续作业，应立即停止。

表 2.7　危险程度（D）

危 险 程 度	D 值
极其危险，不能继续作业	>320
高度危险，要立即整改	160~320
显著危险，需要整改	70~159
一般危险，需要注意	20~69
稍有危险，可以接受	<20

对等级高的风险应采取措施来消除风险或将风险降至可接受的水平。而风险界限值并不是长期固定不变，在不同时期，企业应根据其具体情况来确定风险级别的界限值，以体现持续改进的思想。

5. LEC 法的特点

LEC 法的特点是比较简单，容易在企业内部实行，它有利于掌握企业内部危险点的危险状况，有利于整改措施的实施。但这种方法也存在着一定的问题：由于三种因素的打分需凭借主观经验，所以在准确性上主要依赖于参与者的水平。不同的评价人员取值可能存在较大差异，可重复性较差。这就要求企业在进行风险评价时，多选择一些经验丰富的人员参加，而且利用头脑风暴法反复进行评价，以便评价结果更加符合运行经验，更加趋于一致。

再一个需要强调的是，对 L、E、C、D 分值的界定并不是固定不变的，企业应根据自身情况对 L、E、C、D 取值进行合理的调整，我们用 LEC 法是用这种评价方法的思路，不可照搬照抄。例如，对发生事故产生的后果严重性 C 的分值界定可做如表 2.8 所示的调整。

表 2.8　发生事故的后果(C)(经过调整的)

分数值	后果	
	对人的危害	财产损失
100	数人死亡	经济损失或浪费在 1000 万元以上
40	一人死亡或永久性能力丧失	经济损失或浪费在 100 万~1000 万元以上
15	导致某些工作能力的永久丧失或需要长期休息才能恢复工作	经济损失或浪费在 10 万~100 万元以上
7	对完成目前工作有影响，如行动不便或需要三天以内的休息才能恢复工作	经济损失或浪费在 1000 元~10 万元以上
1	对健康没有任何伤害	经济损失或浪费在 1000 元以下

风险等级划分标准也可以根据组织的风险可接受程度进行适当的调整，组织可以根据实际情况划为三个/四个风险级别。

二、风险矩阵法(定性)

风险矩阵(Risk Matrix)是一种将定性或半定量的后果分级与产生一定水平的风险或风险等级的可能性相结合的方式。矩阵格式及使用的定义取决于使用背景，关键是要在这种情况下使用合适的设计。

风险矩阵可用来根据风险等级对风险、风险来源或风险应对进行排序。它通常作为一种筛查工具，以确定哪些风险需要更细致的分析，或是应该首先处理的，这需要提高到一个更高层次的管理。他还可以作为一种筛查工具，以挑选哪些风险此时无需进一步考虑。根据其在矩阵中所处的区域，此类的风险矩阵也被广泛应用于决定给定的风险是否被广泛接受或不接受。

下面介绍一种在石油化工行业内被广泛应用的定性风险矩阵。所谓定性风险矩阵，就是在矩阵中，后果对应的可能性作图画出折线，与所导致的风险类型相对应，分别用不同的阴影表示。风险类型分为不可接受的风险区域、需要考虑削减的风险的区域和可进行正常操作但仍需继续改进的区域，见表 2.9 风险矩阵。

表 2.9 风险矩阵

严重性	后　　果				可　　能　　性				
	人员 P	财产 A	环境 E	声誉 R	行业内未发生过	行业内发生过	本企业内发生过	本企业发生过多次	企业每年发生多次
					1	2	3	4	5
5	多种灾害	广泛损失	广泛影响	国际影响	5	10	15	20	25
4	单独特大伤害	主要损失	主要影响	国内影响	4	8	12	16	20
3	重大伤害	局部损失	局部影响	很大影响	3	6	9	12	15
2	小伤害	小损失	小影响	有限影响	2	4	6	8	10
1	轻微伤害	轻微损失	轻微影响	轻度影响	1	2	3	4	5

该方法相对于其他方法最大的特点就是，危害发生的可能性较好确定，它是用过去该危害发生的频率来衡量现在同样危害发生的频率，简单易行，而且可重复性较强，能够将风险很快划分为不同的重要性水平。

该方法中后果的严重性是考虑了人员伤亡、财产损失、环境影响和声誉破坏等四个方面的内容，为了能相对准确地判定后果的严重程度，表 2.10~表 2.14 给出了各类后果严重程度的分级定义(标准)，以便提高风险评价结果的可操作性和可重复性。

表 2.10　事件后果对人的影响(严重性)

	潜 在 影 响	定　　义
1	轻微伤害	对个人继续受雇和完成目前劳动没有损害
2	小伤害	对完成目前工作有影响，如某些行动不便或需要一周以内的休息才能恢复
3	重大伤害	导致对某些工作能力的永久丧失或需要经过长期恢复才能恢复工作
4	1~3 人死亡	导致 1~3 人死亡
5	3 人以上死亡	导致 3 人以上死亡

表 2.11　事件后果对财产的损害(严重性)

	潜 在 影 响	定　　义
1	轻微损坏	对使用没有妨碍，只需要少量的修理费用(低于 1 万元)
2	小损坏	给操作带来轻度不便，需要停工修理(估计修理费用低于 10 万元)
3	局部损坏	装置倾倒，修理后可以重新开始使用(估计修理费用低于 100 万元)
4	严重损坏	装置部分丧失，停工(停工至少 2 周或估计修理费用低于 1000 万元)
5	特大损坏	装置部分全部丧失，广泛损失(估计修理费用超过 1000 万)

表 2.12　事件后果对环境的影响(严重性)

	潜在影响	定　义
1	轻微影响	可以忽略的财务影响,当地环境破坏在系统和作业场所的范围内
2	小影响	破坏大到足以影响环境,单项超过基本的或预定的标准
3	局部影响	已知的有毒物质有限的排放,多项超过基本的或预设的标准,并漏出了作业范围
4	严重影响	严重的环境破坏,承包商或业主被责令把污染的环境恢复到污染前的水平
5	巨大影响	对环境(商业、娱乐和自然生态)的持续严重破坏或扩散到很大的区域,对承包商或业主造成严重的经济损失,持续破坏预先规定的环境界限

表 2.13　事件后果对声誉的影响(严重性)

	潜在影响	定　义
1	轻度影响	公众对事件有反应,但是没有表示关注
2	有限影响	一些当地公众表示关注,受到一些指责;一些媒体有报道和政治上的重视
3	很大影响	引起整个区域公众的关注,大量的指责,当地媒体大量反面的报道,国内媒体负面报道,当地或地区或国家政策的可能限制措施,许可证使用受到影响,引发群众集会等
4	国内影响	引起国内公众的反应,持续不断的指责,国家级媒体的大量负面报道,地区或国家政策的可能限制措施,许可证使用受到影响,引发群众集会
5	国际影响	引起国际影响和国际关注;国际媒体大量反面报道,国际或国内政策上的关注;可能对进入新的地区得到许可证不利,受到群众的压力;对承包商或业主在其他国家的经营产生不利影响

表 2.14　事件后果中停输造成的影响(严重性)

	潜在影响	定　义
1	轻微影响	在允许停输时间范围内:轻微影响生产
2	严重影响	可能超过允许停输事件:严重影响生产
3	关联影响上下游	超过了允许停输时间:关联影响上下游
4	国内影响	严重影响上下游:造成重大国内影响
5	国际影响	造成国际事务影响

　　同一危害事件的发生,有时不可能同时对人、财产、环境和声誉都产生影响,或通常四个方面的影响程度不会正好在同一个严重性的等级上,有时为简便起见,通常把可

能造成几个方面后果中最严重的那一方面的影响等级，作为这一事件的后果严重性等级。同样，后果类型的选择以及后果严重程度的分级标准企业可根据自身的情况进行调整和改进，比如在管道行业，后果类型中可以考虑"停输"造成的影响，对于与国外输油输气管道有业务的公司，还应考虑停输造成的国际影响。

但使用风险矩阵法也应注意，该方法有一定的局限性：

（1）必须要根据实际情况设计出适用于组织各相关环境的矩阵。

（2）使用过程中具有较强的主观色彩，不同经验的人分级可能会有不同的结果。因此，使用此方法要尽可能请相关专业经验足够丰富的人员参加评价。

（3）无法对风险进行总计，如人们无法确定一定数量的低风险或者是界定过一定次数的低风险相当于中风险，组织可以对这种情况进行界定。

（4）组合或比较不同类型后果的风险等级可能会有困难。在作业前安全分析中，由于风险等级是根据作业步骤来判断的，后果的类型相对而言较单一，因此，存在这种问题的概率较小。

 问题与思考

（1）JSA 风险评价常用的方法有什么？

（2）LEC 法与风险矩阵法有什么异同？

（3）在 JSA 中何时使用风险评价？

（4）在管道油气输送行业中，JSA 的风险评价有什么特点？

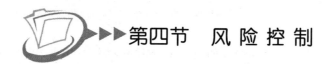 第四节 风 险 控 制

一、风险控制原则

要实现风险能够被控制在可接受的范围内，则需要在危害辨识和风险评价的工作基础上，制定风险控制计划。按照事故发生的原因和产生的后果来考虑，风险控制措施可分为：避免原因发生的控制措施（预防）和减少后果影响的控制措施（探测、控制和缓和），如图 2.2 所示。

二、风险控制措施选择的原则

在选择控制措施时，应考虑以下原则：

1. 必要性和可行性原则

采取控制措施时，一方面要考虑安全生产的实际需要，如针对在安全生产检查中发现的隐患、可能引发伤亡事故和职业病的主要原因，新技术、新工艺、新设备等的应用，安全革新项目和职工提出的合理化建议等方面编制安全技术措施。另一方面还要考

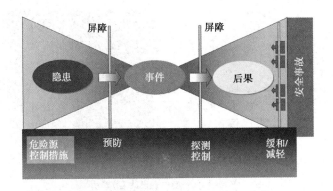

图 2.2　控制措施示意图

虑技术可行性和经济承受能力。

2. 自力更生与勤俭节约的原则

在采取控制措施时，注意充分利用现有的设备设施，挖掘潜力，讲求实效。

3. 轻重缓急与统筹安排的原则

对发生频率最高、后果影响最大的危险优先考虑。

4. 员工参与原则

加强领导和员工在控制过程的参与程度，确保控制措施落到实处。

三、风险控制层次

在我们给出风险控制措施时，应遵循"消除、替代、降低、隔离、程序、减少接触时间及个人防护装备"的先后顺序。我们可以利用"消除、替代、降低及隔离"等工程控制措施，首先考虑能否消除潜在危害或风险来源；如果无法消除风险，则考虑降低风险。当然，除了一系列的工程控制措施，我们还可以利用"程序、减少接触时间及个人防护装备"等管理控制措施来进一步减少风险。这里值得注意的是，为员工配备适合的个人防护装备是最后应采取的控制措施。

风险控制措施的优先顺序示意图见图 2.3。

1. 工程控制方面

（1）消除

从根本上消除存在的潜在危害或风险来源，也就是达到我们所谓的"本质安全"，这是风险控制的最优解决方案。对于一些存在重大风险的工作任务，我们应考虑能否通过采用其他安全的新的技术手段取代危险的操作。如利用自动化机械装置取代手工操作。

（2）替代

当危害因素无法从本质上被消除时，我们可以考虑能否采用其他替代物来降低风险，如利用安全物料或介质替代易燃易爆的物料或介质，用机械装置替代手工操作，用无毒材料替代有毒材料等。

（3）降低

我们还可以通过一些工程设计和工程设施来降低风险。如设置局部通风、设置防护

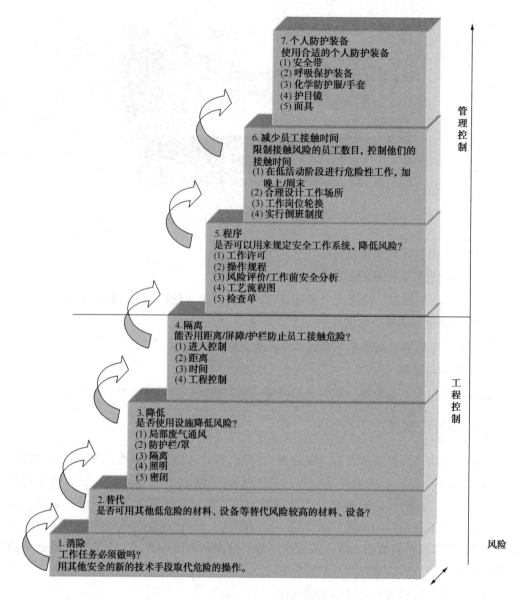

图 2.3 风险控制措施优先顺序示意图

栏/罩、设置隔离栏/带、增加照明及采用密闭等措施。

（4）隔离

隔离措施是最常用的一种安全技术措施之一。隔离措施能有效地将员工与已经识别出的能量、危险物质等危害因素维持在相对安全的空间距离上，即使能量释放、危险物质泄漏也能保证人员的生命安全。如设置安全罩、防护栏、防护网、盲板、警示带、隔热层等隔离措施。

2. 管理控制方面

（1）程序

程序是指导员工进行操作的依据。好的程序应让员工充分了解可能存在的危险及危险程度，如何正确地进行操作来避免或降低风险，是否由明确清晰的步骤指示来作为员工操作的"说明书"。最常见的程序有工作许可、操作规程、风险评级/作业前安全分析、工艺流程图及检查表等。要注意的是，好的程序要与恰当足够的培训配合，才能发挥最大的作用。要确保员工接受过相关技能和知识的培训。

（2）减少员工接触时间

当某些作业被认为是风险仍然较高时，应减少员工的接触时间，包括严格控制参与作业员工的数量和控制员工作业的接触时间。如在低活动阶段如晚上/周末进行危险性工作、合理设计工作场所、工作岗位轮换及实行倒班制度等。

（3）个人防护装备

在以上的控制措施均被充分地考虑和应用后，仍然存在危害因素可能对作业人员产生伤害，则使用个人防护装备，这是对人体的最后一道防线。常见的个人防护装备有安全帽、安全鞋、空气呼吸器、安全带等。使用个人防护装备并能降低风险，只能降低在危险发生时其对员工的造成的人身伤害。因此，在选用个人保护装备时，应保证质量合格、数量充足，并按时检查、维护、更换个人防护装备。

另外，在进行一些风险相对较高的作业时，还应考虑制定相应的应急方案和措施，如进行动火作业时，安排经验丰富的安全员监督，并准备好相应的消防设备。

以上的7大类控制措施是遵循"消除、替代、降低、隔离、程序、减少接触时间及个人防护装备"的先后顺序，其消除、削减和控制风险的可靠性也依次降低。其中，工程控制措施明显可靠性高于管理控制措施。因此，对于后果较严重的风险，必须优先选择可靠性高的措施，并综合考虑使用其他的控制措施。但要注意的是，在采用各种控制措施的同时，也要面临措施的可执行性、成本及生产效率的问题，应根据实际情况，综合分析考虑，才能给出最适合的控制措施方案。

最后，还应注意的是，任何的变更都会带来新的风险。所有新的风险控制措施对于原装置和员工都是一种变更，因此，在制定任何风险控制措施时，都要充分系统地分析变更带来的新风险的高低来作为选择控制措施的一条依据。

四、风险控制措施的制定

在进行过初始的风险评价后，如果风险值大于我们规定的可接受值，则需要采取合适的风险控制措施，一般从技术措施、管理措施和个人防护用品三个角度来考虑。根据图2.1所示的领结图可知，我们首先应该采取预防措施，防止可能触发事件的原因产生；然后再考虑如果事件发生了，采取什么措施能防止更严重后果的发生；最后还要考虑当后果发生后，我们应采取怎样的措施，缓和严重后果造成的影响。

风险控制最终达到的效果应遵循最低合理可接受原则（见图2.4）。采取控制措施后，仍需对危险有害因素进行控制措施消减后风险的评价。若风险值在可接受的范围内，则可以按照所采取的措施实施作业。若风险值仍然高于最低可接受的标准，则需进一步采取措施进行控制，直到风险将为可接受的范围内，才能开展作业活动。

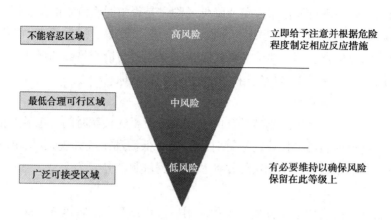

图 2.4 最低合理可接受原则

 问题与思考

(1) 风险控制措施分为哪几类？
(2) 风险控制措施选择的原则是什么？
(3) 选择风险控制措施的控制层次是什么？
(4) 风险控制最终要达到什么程度？

第三章　作业安全分析（JSA）管理与实施流程

JSA 基本工作流程包括任务审查、JSA 的实施、作业许可和风险沟通、现场监控、反馈与总结。详细管理流程如图 3.1 所示。

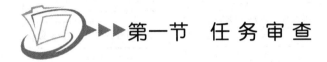

第一节　任务审查

一、初始任务审查

现场作业人员作业前，先由专业技术负责人对工作任务进行初始审查，确定工作任务内容，根据风险台账中的风险程度(低、中、高)结合作业的实际情况，判断是否应做工作前安全分析，明确执行 JSA 人员所需要的能力，制定 JSA 计划。

(1) 现场作业人员均可提出需要进行工作前安全分析的工作任务。

(2) 风险台账中低风险且由能胜任的人员完成的作业，则只需进行口头评估。能胜任的人员指经作业负责人确认其具备识别该项作业 HSE 风险的人员。

(3) 一般情况下，新工作任务(包括以前没做过 JSA 的工作任务)在开始前均应进行 JSA，如果该工作任务是低风险活动，并由有胜任能力的人员完成，可不做 JSA，只需进行口头评估。

(4) 若初始任务审查判断出的工作任务风险无法接受，则应停止该工作任务，或者重新设定工作任务内容。

(5) 已做过分析或有规定程序的工作任务可不再进行 JSA，但应判定以前的 JSA 或规定程序是否满足本作业要求；如果存在不满足的条件，应重新进行 JSA。

(6) 在作业期间，作业条件(如作业人员、环境条件)变化时，应重新进行作业前安全分析。

(7) 紧急状态下的工作任务，如抢修、抢险等，如果不具备时间条件，可直接执行相应的应急预案。

(8) 如果一项工作任务无法确定需不需要进行 JSA，那就必须开展 JSA。

二、成立 JSA 小组及准备工作

作业前安全分析不是一个人能完成的工作，需要集合团队的智慧和经验，所以开展

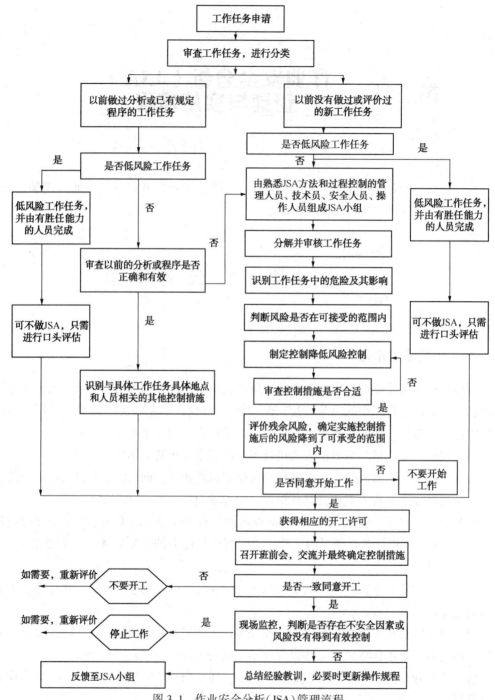

图 3.1　作业安全分析(JSA)管理流程

作业前安全分析前应先成立 JSA 小组,明确组长及组员的职责。

JSA 小组通常由 4~5 人组成,组长通常由作业区(站队)主管负责人或其指定人员担任,应选择熟悉 JSA 方法的管理、技术、安全、操作人员组成小组。一般来说,JSA 小组应包括以下人员:

(1) 参与作业人员;

(2) 作业负责人;

（3）熟悉作业内容的专业人员（如安全、工艺、电气、仪表工程师）；

（4）有经验的 JSA 人员；

JSA 小组人员应具备以下能力：

（1）接受过 JSA 方法的培训，应熟练掌握 JSA 过程中的相关专业知识；

（2）了解工作任务、区域环境和设备，并熟悉相关的操作规程；

（3）具有一定生产、工艺系统实际操作、检维修经验；

（4）具有一定设备操作有关基础知识和技能，并了解工艺设备设计依据；

（5）具备一定安全基础知识以及为完成分析所需的其他相关知识或专业技术。

在 JSA 正式开始前，JSA 小组应审查工作计划安排，分解工作任务，搜集相关信息，实地考察工作现场，核实以下内容：

（1）以前此项工作任务中出现的质量、健康、安全、环境问题和事故；

（2）工作中是否使用新设备；

（3）工作环境、空间、照明、通风、出口和入口等；

（4）工作任务的关键环节；

（5）作业人员是否有足够的知识、技能；

（6）是否需要作业许可及作业许可的类型；

（7）是否有严重影响本工作安全的交叉作业；

（8）其他。

 问题与思考

（1）请简要说明 JSA 基本管理流程。

（2）JSA 组长一般由谁担任？

（3）JSA 小组通常包括哪些人员？

（4）正式开始 JSA 前应做哪些准备工作？

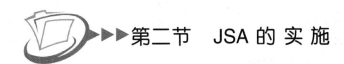

第二节　JSA 的实施

JSA 的实施一般分为分解作业步骤、危害因素辨识、风险评价、风险控制等四个步骤，第二章已对部分步骤进行详细说明，这里将对第二章未涉及步骤进行详细介绍，对已介绍步骤结合案例进行简单说明。

一、分解作业步骤

分解作业步骤是 JSA 实施的第一步，也是最重要的一步，是做好 JSA 的基础和前提。作业步骤的划分应按实际作业程序，按先后顺序，不累赘也不遗漏地进行。分解步骤完成后，填写"工作前安全分析表"（见附录 B）。

1. 作业步骤的分解应遵循的原则

· 和参与作业的人员或参与类似作业的人员一起进行，可参照现有的标准操作程序；

· 避免分解得过细或过粗，过细导致 JSA 分析变得繁琐，太粗容易遗漏，一般分为 3~9 个步骤；

· 从头至尾包含每一步骤，避免出现遗漏；

· 每一步骤应明确告知"做什么"，而不是"为什么做"和"怎么做"；

· 使用一些动词来进行步骤描述，如"关阀门""停车""卸料""吹扫"等；

· 用最少的字描述清楚。

2. 进行作业分解时应注意的内容

· 保持各步骤的正确顺序

步骤顺序的改变，可能导致危害因素辨识的遗漏或者增多，使 JSA 质量下降。

· 不要把控制措施纳入步骤

实际的作业过程中，有许多增加安全控制措施的步骤，如办理许可作业、挂牌上锁、佩戴防护用品等。我们在进行步骤划分时，应避免将安全控制措施列入。所以步骤的划分是基于实际作业程序，但与实际步骤会存在一些不同。

· 以危害因素变化为分界点

确定步骤的分界点不是以步骤的长短和难易来划分，而是基于危害因素有无发生变化。如果前后步骤的危害因素和控制措施相同，可考虑进行步骤合并。

· 明确每一步骤涉及的人、机、环境

步骤分析时要明确每一步涉及的人员、设备、环境，这样更有利于后面的危害因素辨识。

下面我们将结合案例进行分解作业步骤。

案例一

工作任务：压力表拆卸检定。见表 3.1。

表 3.1　压力表拆卸检定作业步骤分解

分 解 太 细	分 解 太 粗	恰当的分解
将压力表导压管的阀门关闭	拆卸压力表	关闭压力表导压管的阀门
打开压力表放空阀放空	压力表检定	打开压力表放空阀放空
将压力表与引压管的连接接头或小法兰拧松，取下压力表	安装压力表	拆卸压力表
压力表外观检查		压力表检定
示值误差、回程误差和轻敲位移的检定		安装压力表
检定标签的粘贴		关闭压力表放空阀
未检查压力表检定标签及量程		打开压力表的引压管阀门
缠好生料带，将压力表与连接活结接好		观察示值是否正确
关闭压力表放空阀		
打开压力表的引压管阀门		
观察示值是否正确		

案例二

工作任务：安全泄放阀校验。见表3.2。

表3.2 安全泄放阀校验作业步骤分解

分 解 太 细	分 解 太 粗	恰 当 的 分 解
关闭出站去 ESD 手动放空球阀	进行放空	关闭出站去 ESD 手动放空球阀
确认放空区是否正常	校验安全泄放阀	打开 ESD 放空旋塞阀进行放空
架好登高用人字梯	恢复正常工艺	拆安全泄放阀
利用人字梯登高至安全泄放阀附近		检验安全泄放阀
打开 ESD 放空旋塞阀进行放空		安装安全泄放阀
拆卸引压管卡套		关闭 ESD 放空旋塞阀
拆下安全泄放阀		打开手动放空球阀，恢复正常工艺流程
安全泄放阀安装在校验台上		
检验安全泄放阀		
安装安全泄放阀		
将引压管卡套拧紧		
关闭 ESD 放空旋塞阀		
打开手动放空球阀，恢复正常工艺流程		

通过以上两个案例我们可以发现，步骤分解过细时是把"为什么做"、"怎么做"及"控制措施"纳入了步骤，而过粗时往往对关键性的步骤有所遗漏，所以进行步骤分解前一定要先将遵循的原则和需注意的事项理解透彻。

二、危害因素辨识

识别作业过程危害因素时可依据"工作前安全分析清单"（见表2.3）的提示逐项确认进行，应充分考虑人员、设备、材料、环境、方法五个方面和正常、异常、紧急三种状态。

危害因素的辨识应针对每一项工作步骤，若该项步骤无危害则应写明无危害或者加斜杠，避免空白导致别人误以为该步骤未分析到，下面将结合案例来进行危害因素辨识练习。

案例三

工作任务：压力表拆卸检定。见表3.3。

表 3.3　压力表拆卸检定作业危害因素辨识

恰当的分解	危害描述	后果及影响
关闭压力表导压管的阀门	未断开压力源	拆卸压力表时造成人员伤害
打开压力表放空阀放空	未放空	拆卸压力表时压力表被压力顶出摔坏或伤及人员
拆卸压力表	未扶稳压力表	压力表跌落损坏，可能伤及人员
压力表检定	未按检定规程操作	不能达到检定效果，潜在安全影响
安装压力表	未缠生料带	油气泄漏，造成环境污染，可能导致火灾爆炸
关闭压力表放空阀	未关闭	通压时油气泄漏，造成环境污染，可能导致火灾爆炸
打开压力表的引压管阀门	未打开	压力表无示数
观察示值是否正确	未确认压力表是否正常	可能反复拆卸压力表，潜在安全影响

案例四

工作任务：安全泄放阀校验。见表 3.4。

表 3.4　安全泄放阀校验作业危害因素辨识

编号	工作步骤	危害因素描述	影响及后果
1	关闭出站去 ESD 手动放空球阀	阀门关闭不到位	天然气泄漏
2	打开 ESD 放空旋塞阀进行放空	放空区有不安全因素	火灾爆炸
3	拆安全泄放阀	管线余压	高压气体伤人
		人员高处作业	人员坠落
4	检验安全泄放阀	高压气体	检验人员受到机械伤害
5	安装安全泄放阀	人员站位不当	人员坠落
		导阀引压管接头未紧固到位	天然气渗漏，恢复投用后可能造成安全阀起跳
6	关闭 ESD 放空旋塞阀	放空阀关闭不严	天然气泄漏
7	打开手动放空球阀，恢复正常工艺流程	忘记恢复手动球阀全开	安全阀及 ESD 放空阀失去作用

请根据自己的理解对上述作业步骤对应的危害因素辨识进行完善。

三、风险评价

危害因素识别完毕后，还应按照发生可能性和后果严重性对识别出的危害因素进行风险评价。风险评价的方法已在本书第二章进行介绍，此处不再赘述，下面将结合案例选用"LEC法"或"风险矩阵法"进行说明。

案例五

工作任务：安全泄放阀校验（LEC法）。见表3.5。

表3.5　安全泄放阀校验作业风险评价（LEC法）

编号	工作步骤	危害因素描述	影响及后果	风险评价			
				可能性（L）	暴露频率（E）	严重度（C）	风险值（D）
1	关闭出站去ESD手动放空球阀	阀门关闭不到位	天然气泄漏	3	1	4	12
2	打开ESD放空旋塞阀进行放空	放空区有不安全因素	火灾爆炸	1	1	40	40
3	拆安全泄放阀	管线余压	高压气体伤人	3	1	4	12
		人员高处作业	人员坠落	3	1	15	45
4	检验安全泄放阀	高压气体	检验人员受到机械伤害	3	1	4	12
5	安装安全泄放阀	人员站位不当	人员坠落	3	1	15	45
		导阀引压管接头未紧固到位	天然气渗漏，恢复投用后可能造成安全阀起跳	3	1	4	12
6	关闭ESD放空旋塞阀	放空阀关闭不严	天然气泄漏	3	1	4	12
7	打开手动放空球阀，恢复正常工艺流程	忘记恢复手动球阀全开	安全阀及ESD放空阀失去作用	1	1	40	40

为方便理解，上述表格延续了危害因素辨识中的案例，下面将针对大家非常熟悉的动火作业进行风险评价。

案例六

工作任务：动火作业（LEC 法）。见表 3.6。

表 3.6 动火作业风险评价（LEC 法）

编号	工作步骤	危害因素描述	影响及后果	风险评价			
				可能性（L）	暴露频率（E）	严重度（C）	风险值（D）
1	作业前准备	动火设备未处理	着火、爆炸	1	1	40	40
		动火作业周围地沟、管井没封堵、易燃杂物没清理	火灾、爆炸、人员伤害	1	1	40	40
		分析不合格	着火、爆炸	1	1	40	40
		作业票超期	着火、爆炸	1	1	40	40
		动火前没检查电、气焊工具	着火、爆炸	1	1	40	40
		劳保用品穿戴不齐全	烫伤	6	1	4	24
		作业现场周围有易燃易爆物品	着火、爆炸	1	1	40	40
		五级风以上	着火、爆炸	3	1	40	120
2	动火作业	不正确接电焊机或不按规定接地线	触电、人员伤害、财产损失	3	1	15	45
		焊渣迸溅	着火、爆炸	6	1	40	240
		消防器材不到位	不能及时灭火，造成事故扩大	1	1	40	40
		监护人不到位	出现事故不能及时处置，造成事故扩大	1	1	40	40
		现场监火人不熟悉现场	着火、爆炸	1	1	40	40
		氧气瓶与乙炔瓶间距<5m	着火、爆炸	3	1	40	120
		两气瓶与动火地点均距<10m	着火、爆炸	1	1	40	40
		临时电线使用不当	触电伤害	3	1	15	45
		动火扩大范围	着火、爆炸	1	1	40	40
3	检查验收	动火完后未清理现场	着火、爆炸	1	1	40	40
		设备未试	着火、爆炸	1	1	40	40

脚手架搭设作业在工厂中同样非常常见，下面我们将用风险矩阵法进行风险评价。

案例七

工作任务：脚手架搭设作业（风险矩阵法）。见表 3.7。

表 3.7　脚手架搭设作业风险评价（风险矩阵法）

编号	步骤	危害描述	后果及影响	风险评价		
				S	L	R
1	编写搭设施工方案	搭设不规范，架子倒塌	造成人员伤害	4	2	8
2	选择持上岗证合格架子工	搭设不规范，架子倒塌	人员伤害、财产损失	4	3	12
3	对架杆、扣件、钢跳板进行检查	架杆、扣件、钢跳板不合格，架子倒塌	人员伤害、财产损失	4	2	8
4	对脚手架搭设位置进行检查	脚手架地基不平稳，架子倒塌	人员伤害、财产损失	4	2	8
5	搭设前安全技术交底	搭设不规范，架子倒塌	人员伤害	4	2	8
6	脚手架搭设	易发生高处坠落、打击	人员伤害	4	3	12
7	脚手架搭设完毕验收	易发生坠落、倒塌	人员伤害	4	2	8
8	挂牌使用	易发生高处坠落	人员伤害	4	2	8

案例八

工作任务：管道通球试压（风险矩阵法）。见表 3.8。

表 3.8　管道通球试压作业风险评价（风险矩阵法）

编号	步骤	危害描述	后果及影响	风险评价		
				S	L	R
1	编写通球试压方案	通球试压人员目的不清、步骤不明确	造成人员伤害、环境污染	3	2	6
2	通球试压前的施工准备	沟通不到位、设备不齐全	人员伤害、财产损失	3	2	6
3	通球试压过程中	易发生物体打击、漏气	造成人员伤害、环境污染	3	3	9
4	通球试压结束	易发生物体打击、环境污染	造成人员伤害、环境污染	3	2	6

四、风险控制

JSA 小组应针对识别出的危害因素，考虑现有的预防/控制措施是否足以控制风险。若不足以控制风险，则提出改进措施并由专人落实。在选择风险控制措施时，宜考虑"控制措施的优先顺序图"（参见图 2.3）。下面将延续风险评价中的案例进行风险控制的说明。

案例九

工作任务：安全泄放阀校验。见表3.9。

表 3.9　安全泄放阀校验作业风险控制

编号	工作步骤	危害因素描述	影响及后果	风险评价				预防/控制措施/执行人	剩余风险是否可接受	进一步改进措施/执行人
				可能性 (L)	暴露频率 (E)	严重度 (C)	风险值 (D)			
1	关闭出站去ESD手动放空球阀	阀门关闭不到位	天然气泄漏	3	1	4	12	检查隔离阀的机械阀位	是	
2	打开ESD放空旋塞阀进行放空	放空区有不安全因素	火灾爆炸	1	1	40	40	对放空区进行现场检查，确认无异常现象	是	
3	拆安全泄放阀	管线余压	高压气体伤人	3	1	4	12	缓慢拆卸引压管卡套	是	
		人员高处作业	人员坠落	3	1	15	45	严禁踩在管线上作业；作业人员利用扶梯进行导阀拆卸作业；扶梯必须由其他人员予以固定	是	
4	检验安全泄放阀	高压气体	检验人员受到机械伤害	3	1	4	12	按照检定规程要求进行检定	是	
5	安装安全泄放阀	人员站位不当	人员坠落	3	1	15	45	严禁踩在管线上作业；作业人员利用扶梯进行导阀拆卸作业；扶梯必须由其他人员予以固定	是	
		导阀引压管接头未紧固到位	天然气渗漏，恢复投用后可能造成安全阀起跳	3	1	4	12	安装导阀过程中紧固各个连接点接头，确保连接牢固可靠；恢复冲压过程中进行检漏	是	
6	关闭ESD放空旋塞阀	放空阀关闭不严	天然气泄漏	3	1	4	12	检查放空阀关位	是	
7	打开手动放空球阀，恢复正常工艺流程	忘记恢复手动球阀全开	安全阀及ESD放空阀失去作用	1	1	40	40	检查确认手动球阀恢复到全开阀位	是	

案例十

工作任务：动火作业。见表3.10。

表 3.10 动火作业风险控制

编号	工作步骤	危害因素描述	影响及后果	风险评价				预防/控制措施/执行人	剩余风险是否可接受	进一步改进措施/执行人
				可能性(L)	暴露频率(E)	严重度(C)	风险值(D)			
1	作业前准备	动火设备未处理	着火、爆炸	1	1	40	40	清洗置换、安全隔离	是	专人监护
		动火作业周围地沟、窨井没封堵、易燃杂物没清理	火灾、爆炸、人员伤害	1	1	40	40	封堵地沟,清理杂物	是	专人监护
		分析不合格	着火、爆炸	1	1	40	40	严禁动火	是	专人监护
		作业票超期	着火、爆炸	1	1	40	40	检查作业票	是	专人监护
		动火前没检查电、气焊工具	着火、爆炸	1	1	40	40	动火前检查电、气焊工具	是	加强动火人员安全培训
		劳保用品穿戴不齐全	烫伤	6	1	4	24	穿戴好劳动保护用品	是	加强动火人员安全培训
		作业现场周围有易燃易爆物品	着火、爆炸	1	1	40	40	清理作业现场周围的易燃易爆物品	是	专人监护
		五级风以上	着火、爆炸	3	1	40	120	严禁动火	是	
2	动火作业	不正确接电焊机或不按规定接地线	触电、人员伤害、财产损失	3	1	15	45	正确使用电焊机	是	加强动火人员安全培训
		焊渣迸溅	着火、爆炸	6	1	40	240	动火作业周围地沟、窨井用石棉布封堵、易燃物清理干净	是	专人监护
		消防器材不到位	不能及时灭火,造成事故扩大	1	1	40	40	消防器材要到位	是	专人监护
		监护人不到位	出现事故不能及时处置,造成事故扩大	1	1	40	40	动火现场要有专人监护	是	
		现场监火人不熟悉现场	着火、爆炸	1	1	40	40	熟悉现场	是	专人监护
		氧气瓶与乙炔瓶间距<5m	着火、爆炸	3	1	40	120	氧气瓶与乙炔瓶间距>5m	是	加强动火人员安全培训
		两气瓶与动火地点均距<10m	着火、爆炸	1	1	40	40	两气瓶与动火地点均距>10m	是	加强动火人员安全培训
		临时电线使用不当	触电伤害	3	1	15	45	严格接电	是	加强动火人员安全培训
		动火扩大范围	着火、爆炸	1	1	40	40	严禁扩大动火范围	是	专人监护
3	检查验收	动火完后未清理现场	着火、爆炸	1	1	40	40	动火完后清理现场	是	专人监护
		设备未试	着火、爆炸	1	1	40	40	试设备	是	

案例十一

工作任务：脚手架搭设。见表3.11。

表 3.11 脚手架搭设作业风险控制

编号	步骤	危害描述	后果及影响	风险评价			现有控制措施	剩余风险是否可接受	建议措施
				S	L	R			
1	编写搭设施工方案	搭设不规范，架子倒塌	造成人员伤害	4	2	8	脚手架搭设安全技术措施	是	（1）在确定搭设脚手架的同时，由施工技术人员编写施工技术方案，由项目总工程师批准； （2）现场安全监督员对此方案进行审核，监督
2	选择持上岗证合格架子工	搭设不规范，架子倒塌	人员伤害、财产损失	4	3	12	培训、取证	是	严格按照特殊工种去换证程序来执行
3	对架杆、扣件、钢跳板进行检查	架杆、扣件、钢跳板不合格，架子倒塌	人员伤害、财产损失	4	2	8	脚手架管理规定、架子工安全技术规范	是	（1）脚手架搭设之前，架子工应对所用各类材料进行检验，确认合格后方能使用，如发现钢管严重腐蚀、弯曲、裂纹严禁使用。扣件和连接件有脆裂、变形和滑丝严禁使用。钢跳板不得有严重腐蚀、油污和裂纹。 （2）捆绑钢跳板应采用镀锌铁丝宜为8号
4	对脚手架搭设位置进行检查	脚手架地基不平稳，架子倒塌	人员伤害、财产损失	4	2	8	脚手架管理规定、架子工安全技术规范	是	（1）脚手架搭设之前，对搭设位置进行确认，地基是否平整、结实，旁边是否有影响脚手架搭设的设备、管线等物件； （2）对有影响脚手架搭设的设备件应首先拆除或进行有效隔离
5	搭设前安全技术交底	搭设不规范，架子倒塌	人员伤害	4	2	8	脚手架管理规定、架子工安全技术规范	是	（1）脚手架搭设之前，由工程技术人员和安全监督人员共同对架子工交底脚手架搭设要求和标准； （2）安全监督人员应做好对架子工交底记录并妥善保管

编号	步骤	危害描述	后果及影响	风险评价			现有控制措施	剩余风险是否可接受	建议措施
				S	L	R			
6	脚手架搭设	易发生高处坠落、打击	人员伤害	4	3	12	脚手架管理规定、架子工安全技术规范	是	（1）在搭设区域设置警戒线或设置专人进行监护。 （2）脚手架搭设前应把地面进行平整、夯实，扫地杆搭满且牢固，禁止抛掷材料（工具），工具、卡扣等置于工具袋或吊篮内传达。 （3）不要将未固定的材料（工具）置于架杆上。扳手用绳子和身体相连，防止失手脱落。将绑扎脚手板的铁丝扣砸平。 （4）作业人员应使用合格的双背肩式安全带，系挂应做到"高挂底用"加强临边、洞口防护，护栏（外侧需设双护栏）、护脚板齐全。 （5）作业面钢跳板按规定要求铺设，严防跳板未绑扎或未绑扎牢固或仅单边绑扎，严禁使用单跳板 （6）立杆、横杆按标准设置，大型脚手架搭设剪刀撑。 （7）脚手架搭设供人员上下带护笼爬梯或搭设楼梯间
7	脚手架搭设完毕验收	易发生坠落、倒塌	人员伤害	4	2	8	脚手架管理规定、架子工安全技术规范	是	搭设完毕后，严格实施检查、验收、挂牌制度后方可使用
8	挂牌使用	易发生高处坠落	人员伤害	4	2	8	高处作业管理规定	是	严格按照高处作业管理规定来执行

案例十二

工作任务：管道通球试压。见表3.12。

表 3.12　管道通球试压作业风险控制

编号	步骤	危害描述	后果及影响	风险评价			现有控制措施	剩余风险是否可接受	建 议 措 施
				S	L	R			
1	编写通球试压方案	通球试压人员目的不清、影响通球试压效果	造成人员伤害、环境污染	3	2	6	石油化工施工安全技术规程	是	管道在通球试压作业前，应编制通球试压方案及安全技术措施，气压（水压）试验方案应经技术总负责人批准
2	通球试压前的施工准备	沟通不到位、设备不齐全	人员伤害、财产损失	3	2	6	石油化工施工安全技术规程	是	（1）根据通球试压施工方案，选用合适的打压泵、电缆、配电箱等设施；（2）由通球试压人员和专业电工、技术人员共同对通球试压设施安全情况进行检查确认；（3）同一通球试压系统内，压力表不得少于两块，且应垂直安装在便于观察的位置；（4）压力表精确等级不得低于1.5级，应经定期校验合格，有铅封及校验证明，其量程应为通球试压压力的1.5~2.5倍；（5）通球试压时，最高点应安装放空阀，最低点应安装排水阀，充水或放水时，应先将放空阀打开，通球试压合格后，将积水排尽；（6）气压通球试压时，通球试压系统应安装安全阀，并采取可靠地安全措施。通球试压现场应设置围栏和警示牌，现场安全监督员进行维护

编号	步骤	危害描述	后果及影响	风险评价			现有控制措施	剩余风险是否可接受	建 议 措 施
---	---	---	---	S	L	R	---	---	---
3	通球试压过程中	易发生物体打击、漏气	造成人员伤害、环境污染	3	3	9	石油化工施工安全技术规程	是	（1）管道在带压时，严禁受到强烈冲撞或气体冲击，升压和降压应缓慢进行。 （2）通球试压用的临时盲板、法兰盖应满足通球试压压力要求。法兰及法兰盖上的螺栓应齐全、拧紧。通球试压系统时的盲板位置应做好标记，通球试压结束后逐块拆除。 （3）在通球试压过程中发生泄漏现象时，不得带压紧固螺栓、补焊或修理。 （4）在通球试压过程中，如出现异常声响、压力突降时，应立即停止通球试压，查明原因并妥善处理后方可继续。 （5）正确使用漏电开关并连接线路，线路做好保护接地措施
4	通球试压结束	易发生物体打击、环境污染	造成人员伤害、环境污染	3	2	6	石油化工施工安全技术规程	是	（1）待通球试压完后，在拆除盲板、法兰、螺栓时，用力应均匀，在高空施工时，应佩戴好安全带，手中所使用的扳手、锤子应拿稳，防止高处坠落伤人。 （2）施工现场应做到及时清理卫生，所有施工用料应及时回收保管

 问题与思考

（1）JSA 的实施分为哪些步骤？

（2）JSA 管理流程和实施流程的区别是什么？

(3) 进行步骤分解时应注意哪些问题?

(4) 危害因素辨识应从哪些方面和状态进行考虑?

(5) 风险评价有哪些方法?

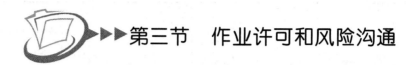

第三节　作业许可和风险沟通

一、作业许可

所有需要办理作业许可的作业(称为许可作业)均需进行 JSA。作业许可不是开工许可,而是一个作业危害辨识和风险控制的手段。作业许可证本身不能保证安全,只有按照作业许可要求通过进行 JSA,识别、评价和控制风险,安全措施得到落实才能保证安全。

许可作业包括动火作业、受限空间作业、高处作业、临时用电作业、管线打开作业等企业有专门程序规定的非常规作业,作业前应获得相应的作业许可,办理作业许可证,具体执行作业许可相关管理规定。

二、风险沟通

JSA 不是表格做好了就完成了,不将作业风险及相应控制措施告知作业人员,JSA 做得再完美也是徒劳,所以风险沟通很重要。作业前应召开工具箱会议,进行有效的沟通,确保:

(1) 让参与此项工作的每个人理解完成该工作任务所涉及的活动细节及相应的风险、控制措施和每个人的职责;

(2) 参与此项工作的人员进一步识别可能遗漏的危害因素;

(3) 作业人员意见不一致时,需等异议解决,达成一致后作业;

(4) 在实际工作中条件或者人员发生变化,或原先假设的条件不成立,则应对作业风险中的相关环节进行重新分析评价。

由于以上原因,工具箱会议宜选在工作现场或附近进行,并确保所有作业人员及可能受影响的承包商人员、属地人员均参加。

 问题与思考

(1) 许可作业与 JSA 有何联系?

(2) JSA 为什么要进行风险沟通?

(3) JSA 风险沟通的对象有哪些?

第四节　现场监控

一、现场核查

无论是许可作业还是无作业许可要求的其他作业，都应指定人员对现场进行核查，对作业进行监护。对于许可作业，应根据相应的作业许可制度要求，指定现场监护人，监护整个作业过程；其他作业则应由JSA小组组长或其指定人员对作业过程进行监护。

所有JSA都应与实际情况相结合，作业的三个阶段都需要与现场进行核查，确认防护措施到位并根据实际情况变化进行相应改进。

作业前：

（1）是否需要申请作业许可，若需要是否申请；

（2）是否与相关部门、人员进行有效沟通，告知作业内容及风险；

（3）是否配备作业所需工具及应急物资；

（4）周围是否有交叉作业进行，互相是否有影响；

（5）是否需要进行能量隔离，若需要是否已经隔离；

（6）作业人员是否具备作业资质或能力。

作业中：

（1）防护措施是否得到落实；

（2）作业人员是否按要求佩戴个人防护用品，作业方式、作业位置是否正确；

（3）作业环境是否发生变化，若变化是否需重新进行JSA分析；

（4）作业人员是否发生变化，若变化是否有新风险出现。

作业后：

（1）作业工具是否归还原处；

（2）作业现场是否进行清理；

（3）是否告知相关部门、人员作业已结束。

二、叫停原则

任何人都有权利和责任停止他们认为不安全的或者风险没有得到有效控制的工作。

现场负责人应对叫停持支持态度，在风险得到有效控制前，不得以任何理由、任何形式强行要求员工进行不安全的作业。

 **问题与思考**

（1）许可作业现场应由谁进行监控？

（2）非许可作业现场应由谁进行监控？

（3）监控时应关注哪些内容？

（4）作业人员能停止他们认为不安全的或者风险没有得到有效控制的工作吗？

第五节　反馈与总结

一、总结反馈

若发现 JSA 过程中的缺陷和不足，应及时向 JSA 小组反馈。如果作业过程中出现新的隐患或发生未遂事件和事故，应立即停止作业，JSA 小组重新进行工作前安全分析。

JSA 小组应根据作业过程中发生的各种情况提出完善该作业程序的建议，不断修订和完善，作为下次同类作业的重要指导依据。作业负责人填写 JSA 跟踪评价表，判断作业人员对作业任务的胜任程度，如表 3.13 所示。

作业任务完成后，所有作业人员，特别是作业项目负责人有义务将作业过程中新发现的危害、新采取的有效风险削减措施向 JSA 小组报告，JSA 小组应进行作业项目的回顾与总结，完善该项工作 JSA，填写到"工作前安全分析表"中。

所有完成的 JSA 需要由现场负责人签字确认，所有完成的 JSA 都应该存档，建立 JSA 数据库。对于已经完成或使用过的 JSA，下次有同样作业时可进行参考，但是不能直接拿来使用，因为不同作业区域可能带来新的风险，需组织 JSA 小组重新审核并确认有效后方能使用。

一个完成的 JSA 表格除作业安全分析的主体内容外，还应包括：

（1）JSA 组长及分析人员的姓名；

（2）作业名称及作业任务简述；

（3）作业地点或位置；

（4）作业使用的工具/设备/材料；

（5）作业时应佩戴的劳动保护用品；

（6）JSA 表格完成日期；

（7）审核人及审核日期。

JSA 数据库内的资料应与公司内部员工及时分享，并且让更多的人参与到 JSA 中，才能发现更多的风险找出更好的控制措施，不断地完善 JSA。

表 3.13　JSA 跟踪评价表

日期：	
问题1：员工对工作任务的理解程度	
1. 对工作任务不理解。(1分) 2. 对工作任务部分理解。(2分) 3. 对工作任务有一定的理解，知道能够干什么。(3分) 4. 充分理解自己在工作任务中的活动，可能对整个工作任务的理解不太充分。(4分) 5. 充分详细的理解整个工作任务。(5分)	分数
问题2：员工认为有哪些危险：(A)对自己　(B)对他人　(C)对环境	
A	
B	
C	
1. 不了解危险。(1分) 2. 部分了解危险。(2分) 3. 对危险有一定的理解，知道能够干什么。(3分) 4. 充分理解自己在工作任务中的危险，可能对整个工作任务危险的理解不太充分。(4分) 5. 充分详细的理解全部危险。(5分)	分数
问题3：员工对控制措施的理解程度。可以保护：(A)自己　(B)他人　(C)环境	
A	
B	
C	
1. 对控制措施不理解。(1分) 2. 对控制措施部分理解。(2分) 3. 对控制措施有一定的理解，知道能够干什么。(3分) 4. 全面理解自己在工作任务中的控制措施，可能对整个工作任务的控制措施理解不太充分。(4分) 5. 分详细地理解所有的控制措施。(5分)	分数
改进建议：	总分

注：每项3分以上，则员工完成该工作的工作前安全分析过程。对不足3分的项目，要进行培训。

二、JSA 评审

JSA 评审制度是为了通过评审来发现 JSA 的缺陷和不足，不断完善 JSA，使之更好地指导实际作业。通常 JSA 评审人员应包括安全部门、该作业负责人、作业人员、作业监护人、主管等。进行评审时，应关注以下问题：

（1）工作步骤是否与实际一致；

（2）是否辨识出全部的风险；

（3）辨识出的风险是否能由防护措施控制住；

（4）是否有意外情况出现。

将 JSA 评审的内容及时准确地反馈在 JSA 表格中，更好地指导下一次作业。

 问题与思考

（1）下次进行同样作业时，能把做好的 JSA 直接拿来用吗？

（2）JSA 评审人员一般包括哪些人员？

（3）进行 JSA 评审时应关注哪些问题？

第四章　作业安全分析（JSA）在管道行业中的应用

油气管道行业主要是指石油天然气的管道运输。管道运输是用管道作为运输工具的一种长距离输送液体和气体物资的运输方式，是一种专门由生产地向市场输送石油、煤和化学产品的运输方式，是统一运输网中干线运输的特殊组成部分。管道运输石油产品比水运费用高，但仍然比铁路运输便宜。大部分管道都是被其所有者用来运输自有产品。管道系统包括管道、站场、通信系统等，是一项巨大而复杂的工程。

在油气运输上，管道运输有其独特的优势，首先在于它的平稳、不间断输送，对于现代化大生产来说，油田不停地生产，管道可以做到不停地运输，炼油化工工业可以不停地生产成品，满足国民经济需要；二是实现了安全运输，对于油气来说，汽车、火车运输均有很大的危险，国外称之为"活动炸弹"，而管道在地下密闭输送，具有极高的安全性；三是保质，管道在密闭状态下运输，油品不挥发，质量不受影响；四是经济，管道运输损耗少、运费低、占地少、污染低。

管道输送是石油、天然气最为经济、合理的运输方式。油气管道具有管径大、运距长、压力高和输量大等特点。管道运输不仅运输量大、连续、迅速、经济、安全、可靠、平稳以及投资少、占地少、费用低，并可实现自动控制。管道对于运送石油与天然气十分重要。

国际上每年都有大量油气管道爆破和泄漏事故，例如1989年在前苏联乌拉尔山发生的世界上最惨重的输气管道爆破事故，一次伤亡人员就达1024人。又如在北美的输气管道爆破事故，导致检气管道一次开裂13km之长。我国已建油气管道60%以上已进入事故多发期，四川输气管网迄今爆裂100余次，最多一次伤亡24人。青海花格线管道腐蚀，导致一次泄漏原油就达2000t之多。油气管道一旦发生泄漏，会对环境和人员产生严重的后果。因此，管道的安全运行日益受到人们的重视。

截至2010年年底，我国已建油气管道总长度约85000km，其中天然气管道45000km，原油管道22700km，成品油管道18000km。运行期超过20年的油气管道约占62%，而10年以上的管道接近85%。我国东部油气管网随着服役期的延长，管道腐蚀、破坏等问题颇为严重；西部油气管道因服役环境自然条件恶劣等问题也面临着严峻的考验。由此可见，我国油气长输管道的安全运行形势不容乐观。管道建设对于我国目前国民经济发展至关重要，而管道失效又往往造成灾难性的后果。

油气管道安全的危害因素来自多方面，管输介质危害性、管输工艺的危险因素、腐蚀、设计施工缺陷、设备故障、自然灾害、错误操作等等。其中，错误操作所引起的事故都是可以避免的，我国东部地区近20多年的输油管道事故中，有近20.5%的事故是违章操作引起的，占事故原因第三位。作业安全分析(JSA)是用来"识别工作中潜在的危险和不安全行为，并在导致事故发生前进行改进和方法"，开展油气管道作业前安全分析(JSA)工作具有重要意义。

油气管道行业中JSA的应用范围：

JSA应用于新的作业、非常规性(临时)作业、承包商作业、改变现有的作业、评估现有的作业。

(1) 输油气站场运行操作、维护、检修、施工有规程或方案的除外，所有施工、安装、检修、装卸、搬运、装饰、清理等作业活动都应进行JSA；

(2) 新开展的或非常规(临时)的作业活动应事先针对该项作业活动进行JSA，如维护单位首次进行维护职责内的检、维修作业，应在编制相应的施工作业计划书中进行JSA；

(3) 某项作业活动没有规程涵盖时或现有的规程不能有效控制风险时，应针对该项作业进行JSA；

(4) 当改变现有的作业，应确认变更或不同的部分，补充进行JSA；

(5) 需要评估现有作业的危害及潜在的风险时，应进行JSA；

(6) 现场作业人员均可根据当前的工作任务提出JSA的需求；

(7) 当作业内容、步骤或程序、所使用工具和材料、作业者资质或素质、作业环境条件(包括季节、气象、温湿度等自然环境条件)相同或等同，仅作业地点和具体时间不同的重复作业，应按照此前的JSA结果进行确认，变更或不相同的部分应补充进行JSA。

以下方面需要用其他专门的方法和程序进行危害分析：

(1) 与工艺安全管理有关的危害识别和风险控制；

(2) 其他专业领域，如消防安全、人机工程、职业病等。

第一节　JSA在常规作业中的应用

要想有效地将作业安全分析(JSA)运用到常规作业中，首先需要了解和掌握JSA的使用方法。其次，应对所有生产经营活动进行划分，收集并登记。对一个大型企业来讲，列出所有的作业活动是一项工作量很大的任务，但具体取决于组织层次和执行情况。作业活动列表可按照生产流程、地理位置、职能部门等划分。通常情况下列表以队站或班组分类创建更容易实施。

案例一

某作业活动区气站单元作业活动分类。见表4.1。

表 4.1 气站单元作业活动分类

序　号	单元名称	作业活动
1	过滤分离区	设备运行
		排污、放空
		盲板维护
		滤芯检修及更换
		流程切换
2	调压橇区	设备运行
		排污、放空
		气水换热器
3	排污罐区	设备运行
		排污
4	进出站阀组区	设备运行
		阀门排污
		仪表检定拆装
		阀门切换
5	收发球区	设备运行
		发球作业
		收球作业
		盲板维护
6	压缩机区	压缩机运行
		箱体排污
		设备检维修
7	放空火炬区	放空
		检维修

案例二

某作业活动区原油站单元作业活动分类。见表4.2。

表4.2 原油站单元作业活动分类

序 号	单 元 名 称	作 业 活 动
1	厂房	日常巡检
		吊装
		电气作业
		动火作业
2	换热区	设备运行
		检维修
3	泄压区	泄压
		设备检维修
4	污油区	排污
		清罐
5	输油泵房区	泵机组运行
		检维修

正确使用 JSA 可以改善工作条件，减少工伤，提高员工与管理者的安全意识。JSA 的管理中要考虑到实施的时机与频次，作业活动的分类也要考虑到这个要素。常规作业则要区分高风险与低风险，进而确定 JSA 的优先级以及是否要做 JSA。非常规作业则要结合作业许可管理来实施 JSA。不同作业类型开展 JSA 的情况如图4.1所示。

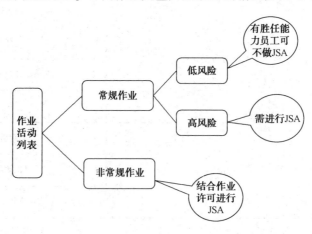

图4.1 不同作业类型 JSA 开展情况

以下通过几个案例来详细说明 JSA 的实施方法。

案例三

安装流量计作业。

首先，现场作业人员作业前，先由专业技术负责人对工作任务进行初始审查，确定工作任务内容，根据风险台账中的风险程度结合作业的实际情况，判断流量计安装作业需要进行工作前安全分析，进而明确执行 JSA 人员所需要的能力，制定 JSA 计划。详见本书第三章第一节。

制定好 JSA 计划后，成立 JSA 小组，小组共 4 人，其中组长为作业区负责人，组员分别为现场操作人员(五年工作经验)、仪表工程师及安全工程师。小组成员应审查工作计划安排，分解工作任务，搜集相关信息，实地考察工作现场，做好前期准备工作。

接下来是 JSA 的实施过程，分为四个步骤。

1. 步骤分解

这是一个流量计的安装作业，我们将工作过程分为八个步骤，并按照工作顺序编号、填写。按工作过程的先后顺序，这八个步骤分别是：

第一步：管道压力检查(针对用盲板封堵的情况)；

第二步：拆卸盲板；

第三步：吊车进场就位；

第四步：吊装流量计；

第五步：紧固法兰螺栓；

第六步：安装引压管；

第七步：连接仪表线，投电；

第八步：更改流量计参数，恢复生产。

2. 危害辨识与评价

以下，逐步进行危害因素及后果与影响的分析。

第一步，管道压力检查(针对用盲板封堵的情况)：

- 盲板封堵段内有气体带压，带压拆卸盲板螺栓可能造成人员伤害。

第二步，拆卸盲板：

- 直管段内部有参与压力，带压操作，可能造成人员伤亡。

第三步，吊车进场就位：

- 吊车停放位置不合理，可能导致吊装时吊臂碰伤工艺管路等设备；
- 支腿摆放不合理，吊装时造成支腿下陷，可能引起设备碰撞损坏。

第四步，吊装流量计：

- 吊装时操作不当，流量计脱落可能导致人员受伤和设备损伤；
- 吊装时吊物碰伤工艺管路或设备，可能造成设备损坏或管道撕裂。

第五步，紧固法兰螺栓：

- 紧固螺栓时容易伤手，扳手落地砸伤脚，可能导致人员受伤，影响工作进度；
- 安装不紧密，天然气泄漏，泄漏气体遇到明火可能发生爆炸。

第六步，安装引压管：

- 安装不紧密，天然气泄漏，造成计量不准及事故。

第七步，连接仪表线，投电：

- 仪表线接错，导流量计及设备无法正常工作。

第八步，更改流量计参数，恢复生产：

- 参数更改错误，可能导致计量出现偏差。

根据本书第三章第二节中介绍的风险评价内容对每一步骤进行评分，本次实例中选用风险矩阵法。

3. 制定控制措施

完成上一步后，需要根据危害辨识的结果制定控制措施，并逐条予以实施：

第一步，管道压力检查(针对用盲板封堵的情况)：

- 观察该计量路上压力表，是否有残余压力；打开放空阀，泄放掉可能存在的残余压力；
- 对于前段盲板封堵管段，可缓慢拆卸一颗螺栓观察检测法兰密封面处是否有气体渗漏；
- 检测入库球阀是否存在内漏，若存在内漏则进行将球阀排污嘴打开。

第二步，拆卸盲板：

- 流量计后管段打开放空阀，前面的主管段，缓慢对角拆除螺栓。

第三步，吊车进场就位：

- 吊车选择适于吊装的位置停放；
- 支腿选择水泥路面或地基夯实的路面支撑。

第四步，吊装流量计：

- 吊装时人员远离吊装现场；
- 吊装时专人监护。

第五步，紧固法兰螺栓：

- 工作时戴上手套，工作鞋必须为带钢板的劳保鞋；
- 螺栓安装过程中，对角紧固，主要保护好垫片；充压后，对法兰连接处进行天然气泄漏检测。

第六步，安装引压管：

- 充压后，对引压管接头位置进行天然气泄漏检测。

第七步，连接仪表线，投电：

- 接线及投电时一人操作，一人监护。

第八步，更改流量计参数，恢复生产：

- 更改流量计参数时，一人操作，一人监督，并切换流量计为比对流程进行比对。

4. 建议措施及残余风险

列出每一条危害所对应的现有措施后，针对现场实际情况，JSA 工作小组商讨决定是否有添加的建议措施，以及残余风险是否接受。若无添加的建议措施，则代表接受潜在的风险。

制定出所有风险的控制措施后，还应确定以下问题：

- 是否全面有效的制定了所有的控制措施；
- 对实施该项工作的人员还需要提出什么要求；
- 风险能否得到有效控制；
- 确定实施风险控制措施的负责人；
- 风险识别及所有控制措施制定后，应完善"工作前安全分析表"，描述每一项任务或步骤，列出方法、设备、工具、材料和技术要求，分析小组人员取得一致意见，确认签字。

最后，在完成每一个 JSA 后，对其输出的结果要进行管理。

- 所有完成的 JSA 应有属地负责人审核，并签字确认；
- 所有完成的 JSA 都应存档，以便以后使用或借鉴；
- 对于已经完成和使用过的 JSA，下次有相同作业，即安装流量计作业时，可参照已经完成的 JSA，但是在使用前，应组织相关的 JSA 成员对已有的 JSA 进行重新审核、完善，确保以前识别的风险及其控制措施有效，并且与确定的工作场所和工作任务相适应。
- 在制定控制措施时，每个风险都应在可接受范围之内，并得到 JSA 小组的认可后进行作业前准备。

这样一个完整的 JSA 就完成了，详见表 4.3。

表 4.3　安装流量计作业安全分析表

记录编号：　　　　　　　　　　　　　　　　　　　　　　　　　　　日期：

单位		工作前安全分析组长		分析人员	

工作任务简述：安装××站××类型 DN×× 流量计

□ 新工作任务　√已作过工作任务　□ 交叉作业　□ 承包商作业　√相关操作规程　□ 许可证　□ 特种作业人员资质证明

工作步骤	危害描述	后果及影响人员	风险评价				现有控制措施	建议改进措施	残余风险是否可接受
			可能性	严重度	风险值	风险等级			
1. 管道压力检查(针对用盲板封堵的情况)	盲板封堵段内有气体带压	带压拆卸盲板螺栓容易造成人员伤害	3	3	9	中	观察该计量路上压力表，是否有残余压力；打开放空阀，泄放掉可能存在的残余压力。对于前段盲板封堵管段，可缓慢拆卸一个螺栓观察检测法兰密封面处是否有气体渗漏；检测入库球阀是否存在内漏，若存在内漏则进行将球阀排污嘴打开		

工作步骤	危害描述	后果及影响人员	风险评价				现有控制措施	建议改进措施	残余风险是否可接受
			可能性	严重度	风险值	风险等级			
2. 拆卸盲板	直管段内部有参与压力	带压操作,很容易引起人员伤亡	2	3	6	低	流量计后管段打开放空阀;前面的主管段,缓慢对角拆除螺栓		
3. 吊车进场就位	3.1 吊车停放位置不合理	吊装时吊臂碰伤工艺管路等设备	2	3	6	低	吊车选择适于吊装的位置停放		
	3.2 支腿摆放不合理,吊装时造成支腿下陷	引起设备碰撞损坏	3	3	9	中	支腿选择水泥路面或地基夯实的路面支撑		
4. 吊装流量计	4.1 吊装时操作不当	流量计脱落导致人员受伤和设备损伤	3	4	12	中	吊装时人员远离吊装现场		
	4.2 吊装时吊物碰伤工艺管路或设备	造成设备损坏或管道撕裂	3	4	12	中	吊装时专人监护		
5. 紧固法兰螺栓	5.1 紧固螺栓时容易伤手,扳手落地砸伤脚	人员受伤,影响工作进度	3	3	9	中	工作时戴上手套,工作鞋必须为带钢板的劳保鞋		
	5.2 安装不紧密,天然气泄漏	泄漏气体遇到明火可能发生爆炸	3	4	12	中	螺栓安装过程中,对角紧固,主要保护好垫片;充压后,对法兰连接处进行天然气泄漏检测		
6. 安装引压管	安装不紧密,天然气泄漏	造成计量不准及事故	2	3	6	低	充压后,对引压管接头位置进行天然气泄漏检测		
7. 连接仪表线,投电	仪表线接错,导致设备无法工作	流量计无法正常工作	2	4	8	中	接线及投电时一人操作,一人监护		
8. 更改流量计参数,恢复生产	参数更改错误	导致计量出现偏差	2	3	6	低	更改流量计参数时,一人操作,一人监督。并切换流量计为比对流程进行比对		

案例四

阀门内漏抢修作业。见表4.4。

表4.4 阀门内漏抢修作业安全分析表

表单号： 部门：

单位		工作前安全 分析组长				分析人员			

工作任务简述：××站阀门内漏抢修作业

□ 新工作任务 √已作过工作任务 □ 交叉作业 □ 承包商作业 √相关操作规程 □ 许可证 □ 特种作业人员资质证明

作业步骤	危害描述	后果及影响	风险矩阵法			风险等级	现有控制措施	建议改进措施	改进后的残余风险是否可接受	责任人现场确认签字
			严重性	可能性	总分值					
1. 确认内漏阀门	认错阀门	对无内漏阀门进入注脂作业，做无用功	2	2	4	很低	场站人员与现场维修人员共同确认		可以接受	
2. 关闭内漏阀门两侧阀门，并将该管断泄压	阀门内漏	阀门开关不严，造成内漏	2	2	4	很低	先对两侧阀门做内漏检测，如无内漏再做泄压处理		可以接受	
3. 拆除内漏的排污阀	螺栓锈蚀	无法拆卸	2	2	4	很低	先使用松动剂后再拆除		可以接受	
4. 清理法兰密封面	密封面有杂质	无法密封，发生漏气现象	2	2	4	很低	清理干净密封面后再进行安装		可以接受	
5. 更换配件	5.1 连接螺栓松动	阀门松动，连接不紧固	2	2	4	很低	对角紧固，均匀用力		可以接受	
	5.2 法兰处漏气	法兰漏气	2	2	4	很低	法兰片安装时要居中		可以接受	
6. 阀门检测是否还内漏	发生天然气内漏	发生天然气内漏	2	2	4	很低	检测时注意下游压力变化		可以接受	
7. 恢复现场原貌	现场有杂物存在	影响场站美观	2	2	4	很低	清理现场，做到工完、料净、场地清		可以接受	

案例五

污水池清理作业。见表4.5。

表4.5 污水池清理作业安全分析表

记录编号：　　　　　　　　　　　　　　　　　　　　　　　　　　　　　日期：

单位		工作前安全分析组长					分析人员		

工作任务简述：××站生活污水池清理

□ 新工作任务　√已作过工作任务　□交叉作业　□承包商作业　√相关操作规程　√许可证　□特种作业人员资质证明

工作步骤	危害描述	后果及影响人员	风险评价				现有控制措施	建议改进措施	残余风险是否可接受
			可能性	严重度	风险值	风险等级			
1. 打开污水池盖板	人员手被夹伤	手夹伤	3	2	6	低	打开盖板时两人配合操作，注意用力，防止手被夹伤		
2. 进入污水池	污水池内含氧量低	人员窒息	3	4	12	中	打开污水池盖后等过一段时间，先用四合一表检测污水池内氧气浓度，达标后方可下池进行作业		
	人员跌落	人员受到机械伤害	2	3	6	低	使用扶梯进入池底，防止人员跌落		
3. 池底污泥清理	作业空间狭小	人员受到机械伤害，污物进入作业人员眼睛	3	3	9	中	作业人员必须正确劳保着装，佩戴好护目镜；上方人员禁止向池内抛撒物品		
	池底空气浓度偏低	人员窒息	3	4	12	中	作业过程中，每隔一段时间检查氧气浓度		
4. 淤泥搬运	淤泥跌落	池底作业人员被砸伤	3	3	9	中	作业人员相互配合，淤泥上下搬运过程中正确使用工具，搬用工具一定要紧固牢靠防止在上提过程中跌落砸伤池底作业人员		
	周围地面环境污染	周围环境污染	3	2	6	中	工人清理污泥时在地面铺设塑料布防止污液渗漏		
5. 现场恢复	作业现场威恢复	环境污染	3	2	6	中	作业完成后恢复现场，做到工完、料尽、场地清		

案例六

压力表拆卸检定作业。见表4.6。

表4.6 压力表拆卸检定作业安全分析表

记录编号：　　　　　　　　　　　　　　　　　　　　　　　　　　　　　日期：

单位			工作前安全分析组长				分析人员		

工作任务简述：××站压力表拆卸检定

□新工作任务　√已作过工作任务　□交叉作业　□承包商作业　√相关操作规程　□许可证　□特种作业
人员资质证明

工作步骤	危害描述	后果及影响人员	风险评价			风险等级	现有控制措施	建议改进措施	残余风险是否可接受
			可能性	严重度	风险值				
1. 将压力表导压管的阀门关闭	未断开压力源	对压力表的放空无法放尽	3	3	9	中	将压力源断开		
2. 打开压力表放空阀放空	未放空	拆卸压力表时压力表被压力顶出摔坏或伤及人员	2	4	8	中	打开放空阀放空泄压		
3. 将压力表与引压管的连接接头或小法兰拧松，取下压力表	未扶稳压力表	压力表跌落损坏	2	3	6	低	安排一人扶稳压力表，另一人拆卸		
4. 压力表外观检查	未进行检查，如指针弯曲或表盘损坏	造成不必要的检定	2	2	4	低	检定前先检查是否已经损坏		
5. 示值误差、回程误差和轻敲位移的检定	检定不细致，未按检定规程检定	达不到检定的目的	1	1	1	低	监督检定人员按照检定规程进行压力表检定		
6. 检定标签的粘贴	未粘贴检定标签	致使已鉴定表与未鉴定弄混，造成重复检定	1	1	1	低	监督检定人员标签粘贴情况		
7. 未检查压力表检定标签及量程	安装位置混乱	压力量程错误，造成通压以后压力表损坏或示值错误	2	2	4	低	查看好标记和量程再安装		
8. 缠好生料带，将压力表与连接活结接好	未缠生料带	造成连接不紧密	2	3	6	低	缠好生料带再安装接头		
9. 关闭压力表放空阀	未关闭放空阀	给压力表通压时产生泄漏	2	3	6	低	关闭放空阀		
10. 打开压力表的引压管阀门	未打开引压管阀门	压力表示值为零	2	2	4	低	打开引压管阀门		
11. 观察示值是够正确	未观察	来回拆装	2	2	4	低	若示值有误则查找原因直至解决		

第二节　JSA 在作业许可中的应用

一、作业许可制度

作业许可制度是国际石油公司通用的制度，英文为 Permit To Work，简称 PTW，也成为工作许可制度、危险作业许可制度。

企业应建立、实施和保持作业许可程序，规定作业许可类型和证明，以及作业许可的申请、批准、实施、变更与关闭。作业许可内容应包括区域划分、风险控制措施和应急措施，作业人员的资格和能力、责任和授权、监督和审核、交流沟通等。

石化行业属于高危行业，存在着极大的风险。开采、炼化、建筑、检维修、高温、高压、剧毒、有限空间等作业都需要作业许可进行控制。实行作业许可管理，是控制作业风险的重要措施。

二、作业许可的范围

在公司所辖管道保护、生产区域或已交付的在建装置区域内，进行以下工作需办理作业许可证：

(1) 非计划性维修工作(未列入日常维修计划或无程序指导的维修工作)；

(2) 承包商作业(由承包商完成的非常规作业活动)；

(3) 偏离安全标准、规则、程序要求的工作；

(4) 交叉作业；

(5) 没有安全程序可遵循的工作；

(6) 在承包商区域进行的工作。

对不能确定是否需要办理许可证的其他工作，办理许可证。

如果工作中包含下列工作，还应同时办理专项作业许可证，执行相关作业管理规定：

(1) 临时用电作业；

(2) 高处作业；

(3) 进入受限空间作业；

(4) 挖掘作业(线路、站场、阀室)；

(5) 动火作业；

(6) 管线/设备打开；

(7) 移动式吊装作业。

三、JSA 在作业许可中的运用

作业许可管理分为四个步骤，即作业申请、作业批准、作业实施和作业关闭。

作业申请人负责填写作业许可证，并向批准人提出工作申请。作业申请人应是作业单位现场负责人，如项目经理、作业单位负责人、现场作业负责人或区域负责人。

根据图4.2所示，作业申请分为三个步骤：作业准备、风险评估、安全措施。其中，风险评估是作业许可审批的基本条件，应该在作业区域专职安全人员的指导下完成。风险评估的内容包括工作步骤、存在的风险及危害程度、相应的控制措施等，如图4.2所示。

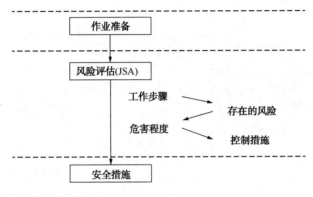

图4.2 作业申请流程

作业申请人应实地参与作业许可证所涵盖的工作，否则作业许可证不能得到批准。当作业许可证涉及多个申请负责人时，则被涉及的负责人均应列在申请表内。

作业安全分析是作业许可审批的基本条件，每次作业前，申请人应组织进行JSA，提出作业申请，填写作业许可证。

对于一份作业许可证项下的多种作业类型，宜统筹考虑作业类型、作业内容、交叉作业界面、工作时间等多方面因素，统一完成作业安全分析。作业安全分析是编制安全工作方案(HSE作业计划书)的基础。简单的工作任务，能够在作业安全分析中将危害的控制措施表述清楚的，可不必编制安全工作方案；复杂的工作任务，应针对作业安全分析确定的危害及相应的控制措施编制详细的安全工作方案，将风险降低到可接受的程度。

以下通过几个具体案例来说明。即旋风分离器检查作业(表4.7)、电线更换作业(表4.8)、安全阀更换作业(表4.9)、安全截断阀更换翻板轴密封作业(表4.10)。

各案例的操作流程均是：

首先，现场作业人员作业前，先由作业负责人提出作业申请，填写作业许可证并准备好相关资料，进而制定JSA计划，做好作业准备工作。

制定好JSA计划后，成立JSA小组，小组共5人，其中组长为作业区负责人，组员分别为有经验的现场操作人员、工艺工程师、设备工程师及安全工程师。小组成员应审查工作计划安排，分解工作任务，搜集相关信息，实地考察工作现场，做好前期准备工作。

表4.7 旋风分离器检查作业安全分析表

记录编号：　　　　　　　　　　　　　　　　　　　　　　　　　　　　　　　　日期：

单位		工作前安全分析组长		分析人员	

工作任务简述：××站　旋风分离器全面检查

□新工作任务 √已作过工作任务 √交叉作业 □承包商作业 √相关操作规程 √许可证 □特种作业
人员资质证明

工作步骤	危害描述	后果及影响人员	可能性	严重度	风险值	风险等级	现有控制措施	建议改进措施	残余风险是否可接受
1. 检测人员及工具进入现场	检测工具跌落	人员伤害，检测设备故障	1	3	4	12	搬运工具时缓慢行进、轻拿轻放；正确劳保着装	无	是
2. 流程切换，旋风分离器停运	操作阀门错误	造成憋压或误开关	1	3	4	12	操作人员熟悉流程，严格执行工艺流程操作票；一人操作，一人监督；阀门缓开缓关	无	是
3. 放空泄压	3.1 高速放空气流	对放空区周围人员产生影响	1	3	4	12	对放空系统进行检查；放空区50m内不得有车辆和人员；安排警戒人员；先开球阀，用放空阀控制放空；	无	是
	3.2 进出口球阀内漏	天然气不能完全放空，可能造成带压作业	1	3	4	12	作业前对进出口球阀进行内漏检查，若存在内漏进行内漏处理	无	是
4. 氮气置换	4.1 氮气瓶误装其他气体	火灾爆炸	1	3	4	12	使用含氧分析仪、可燃气体检测仪对氮气瓶内气体进行检测，确保气质达标；增加备用检定仪表进行复核	无	是
	4.2 注氮口连接处松动	氮气泄漏造成人员窒息	1	3	4	12	购买合格瓶装氮气；使用含氧检测仪随时监测现场环境；增加备用检定仪表进行复核；使用合格连接部件，规范安装，确保连接紧固	无	是
	4.3 置换未彻底	残留天然气可导致火灾、爆炸	1	3	4	12	使用检定合格的检测仪器检测天然气；增加备用检定仪表进行复核；使用防爆设备	无	是

工作步骤	危害描述	后果及影响人员	可能性	严重度	风险值	风险等级	现有控制措施	建议改进措施	残余风险是否可接受
			risk						

工作步骤	危害描述	后果及影响人员	可能性	严重度	风险值	风险等级	现有控制措施	建议改进措施	残余风险是否可接受
5. 喷淋口注水	注水口连接处松动	水管脱落	1	3	1	3	紧固注水水管;控制水压	无	是
6. 打开人孔	6.1 分离器内压力过高;	人孔封盖击伤操作人员;	1	3	4	12	在打开人孔前,观察压力表示数,当压力表为零时,方可打开;打开人孔时,人孔封头正面不能站人	无	是
	6.2 硫化亚铁与空气、天然气,导致闪爆	闪爆事故	1	3	4	12	喷淋口注水充分并保湿;操作人员熟悉场站火灾;制定爆炸事故应急处置措施	无	是
7. 内部检测	局部作业环境差,如空间狭小、不通风;照明工具不防爆;	人员伤亡,检测活动不能正常进行	1	3	4	12	作业人员正确劳保着装;鼓风机接地良好;核实作业人员资质和培训证明;使用检定合格仪器检测天然气、硫化氢、氧气含量,确保各类气体含量满足作业要求;增加备用检定仪表进行复核;办理进入有限空间作业票;监护和操作人员熟悉人员伤害应急处置程序	无	是
8. 外部检测	登高作业未设置防护网和未系安全绳;	施工人员遭受机械损伤;高处坠落	1	3	4	12	操作人员着防辐射防静电服,戴护目镜;安装临时用电触电保护设备,并办理临时用电许可证;登高检测时,作业人员要系好安全带,设置好防护网,办理高处许可证	无	是

工作步骤	危害描述	后果及影响人员	风险评价				现有控制措施	建议改进措施	残余风险是否可接受
			可能性	严重度	风险值	风险等级			
9. 关闭人孔、关闭排污盲板	使用不合适工具	操作人员挤伤手指	1	3	4	12	操作人员着个人防护服，佩戴手套	无	是
10. 氮气置换	10.1 氮气瓶误装其他气体	火灾爆炸	1	3	4	12	使用含氧分析仪、可燃气体检测仪对氮气瓶内气体进行检测，确保气质达标；增加备用检定仪表进行复核	无	是
	10.2 注氮口连接处松动	氮气泄漏造成人员窒息	1	3	4	12	购买合格瓶装氮气；使用含氧检测仪随时监测现场环境；增加备用检定仪表进行复核；使用合格连接部件，规范安装，确保连接紧固	无	是
	10.3 置换未彻底	残留天然气可导致火灾、爆炸	1	3	4	12	使用检定合格的检测仪器检测天然气；增加备用检定仪表进行复核；使用防爆设备	无	是
11. 检漏	人孔、排污盲板处密封不良	天然气泄漏	1	3	7	21	用肥皂水检漏，出现漏气现象及时处理；定期进行可燃气体检测	无	是
12. 关闭放空阀，恢复流程，汇报调度	充压速度过快	造成设备损坏	1	3	4	12	确保放空阀关到位；阀门缓开缓关	无	是

表4.8　电线更换作业安全分析表

记录编号：　　　　　　　　　　　　　　　　　　　　　　　　　日期：

单位		工作前安全分析组长		分析人员	

工作任务简述：模块故障，电线更换作业

□新工作任务　√已作过工作任务　□交叉作业　□承包商作业　√相关操作规程　√许可证　□特种作业人员资质证明

作业步骤	危害描述	后果及影响	风险矩阵法			风险等级	现有控制措施	建议改进措施	改进后的残余风险是否可接受	责任人现场确认签字
			严重性	可能性	总分值					
1. 现场确认设备	1.1 无有效操作证人员上岗检修	误操作导致安全事故	2	2	4	很低	安排持证电工检修	无	可以接受	
	1.2 检修人员未按规定穿戴劳动保护用品	误接触带电设备时发生触电事故	2	2	4	很低	穿戴好劳保用品后再进入检修现场	无	可以接受	
	1.3 未和站内人员沟通	导致误操作或影响其他作业造成事故	2	2	4	很低	和站内值班人员充分沟通，得到许可后在其监护下确认设备，进行检修	无	可以接受	
2. 停模块电源，更换故障模块	2.1 停错电源	带电拔插，烧毁模块	2	2	4	很低	确认模块停电后拔插模块	无	可以接受	
	2.2 设备漏电	人员触电	2	2	4	很低	确认模块停电后拔插模块	无	可以接受	
3. 开整流电源、检查运行情况	电源短路	电源短路	2	2	4	很低	检查线路接线良好、开关接线正常	无	可以接受	
4. 更换蓄电池接线	接触不好	烧毁设备	2	2	4	很低	用力压紧，检查确认	无	可以接受	
5. 恢复现场安全、清洁状态	现场遗留垃圾、门未关	门未关触电引发事故、不美观	2	2	4	很低	结束后仔细检查无误，现场清理干净方可离开	无	可以接受	

表4.9 安全阀更换作业安全分析表

记录编号：　　　　　　　　　　　　　　　　　　　　　　　　　　　　　　日期：

单位		工作前安全分析组长		分析人员	

工作任务简述：安全阀更换作业

□新工作任务　√已作过工作任务　□交叉作业　□承包商作业　√相关操作规程　√许可证　□特种作业人员资质证明

作业步骤	危害描述	后果及影响	风险矩阵法			风险等级	现有控制措施	建议改进措施	改进后的残余风险是否可接受	责任人现场确认签字
			严重性	可能性	总分值					
1. 关闭气液联动阀气源	天然气泄漏	天然气泄漏后遇明火易发生爆炸，造成人员伤害和设备损失	2	2	4	很低	关闭气源，并泄放天然气	无	可以接受	
2. 泄放汽缸内天然气至压力为零	天然气泄漏后遇明火易发生爆炸，造成人员伤害和设备损失	天然气泄漏后遇明火易发生爆炸，造成人员伤害和设备损失	2	2	4	很低	严禁无关人员靠近，现场操作人员处于上风口操作	无	可以接受	
3. 拆卸气缸上的安全阀	3.1 零部件伤人	造成人员伤害	2	2	4	很低	彻底泄压	无	可以接受	
	3.2 零部件遗失	安全阀无法安装或安装不合格，造成重大安全事故	2	2	4	很低	拆卸时要心细，零部件统一摆放在一处，以防遗失	无	可以接受	
4. 安装安全阀	不正确安装	造成人员伤害	2	2	4	很低	做好现场安全监护	无	可以接受	
		造成安全阀损坏	2	2	4	很低	正确安装阀门	无	可以接受	
5. 检查有无漏气，并恢复正常流程	忘记恢复流程	连接处漏气，造成安全隐患	2	2	4	很低	做好检漏并恢复正常流程，并由场站人员确认	无	可以接受	
		造成该阀不能正常使用	2	2	4	很低	做好检漏并恢复正常流程，并由场站人员确认	无	可以接受	

表4.10 安全截断阀更换翻板轴密封作业安全分析表

记录编号： 日期：

单位		工作前安全分析组长		分析人员	

工作任务简述：××站 ××安全截断阀更换翻板轴密封

□新工作任务 √已作过工作任务 √交叉作业 □承包商作业 √相关操作规程 √许可证 □特种作业
人员资质证明

工作步骤	危害描述	后果及影响人员	风险评价				现有控制措施	建议改进措施	残余风险是否可接受
			可能性	严重度	风险值	风险等级			
1. 管段隔离并进行放空泄压，观察管线压力	调压橇进出口球阀(阀号)内漏	管线压力不能泄放干净，有残余气体，可能导致带压作业	1	3	7	21	缓慢进行放空作业，观察压力表变化情况；待压力表归零后关闭放空阀，观察压力表指数是否变化；对前后球阀进行内漏检查，判断是否存在内漏，若有内漏则及时进行处理；全关工作调压阀，后面关断采用双阀隔离	无	无残余风险
2. 两侧盘簧箱解体	误操作	设备损坏或稍后安装时出错/运行、维修人员	1	6	4	24	专业人员操作，对铜毂和啮合齿轮的表面进行清理；正确合理配备使用专用工器具	无	无残余风险
3. 卸下两侧铜套和翻板轴	误操作	设备或安装出错/运行、维修人员	1	6	4	24	专业人员操作，切勿碰伤铜套表面；正确合理配备使用专用工器具	无	无残余风险
4. 更换铜套密封圈	误操作	铜套密封圈损坏损伤/运行、维修人员	1	6	4	24	专业人员操作，更换密封圈时，切勿划伤铜套密封圈；正确合理配备使用专用工器具	无	无残余风险
5. 安装恢复	安装错误，阀门部件遗漏	阀门无法正确安装或内漏/运行、维修人员	1	6	4	24	专业人员操作，按照阀门解体步骤逐一恢复；正确合理配备使用专用工器具	无	无残余风险
6. 流程恢复	阀盖未拧紧	阀盖处渗漏/运行、维修人员	1	6	4	24	阀盖处螺栓按对角方法均匀拧紧	无	无残余风险
	铜套密封更换处理不到位	阀门内漏/运行、维修人员	1	6	4	24	观察排污池是否持续冒泡，如有，需要对手轮铜套重新处理	无	无残余风险

接下来是 JSA 的实施过程。

以下以"旋风分离器检查作业（表 4.7）"为例进行详细说明。

1. 步骤分解

这是一个旋风分离器的全面检查作业，我们将工作过程分为十二个步骤，并按照工作顺序编号、填写。按工作过程的先后顺序，这十二个步骤分别是：

第一步：检测人员及工具进入现场；

第二步：流程切换，旋风分离器停运；

第三步：放空泄压；

第四步：氮气置换；

第五步：喷淋口注水；

第六步：打开人孔；

第七步：内部检测；

第八步：外部检测；

第九步：关闭人孔、关闭排污盲板；

第十步：氮气置换；

第十一步：检漏；

第十二步：关闭放空阀，恢复流程，汇报调度。

2. 危害辨识与评价

以下逐步进行危害因素及后果与影响的分析。

第一步：检测人员及工具进入现场。

- 检测工具跌落，可能造成人员伤害，检测设备故障。

第二步：流程切换，旋风分离器停运。

- 操作阀门错误，可能憋压或误开关。

第三步：放空泄压。

- 高速放空气流，可能对放空区周围人员产生影响；
- 进出口球阀内漏，可能导致天然气不能完全放空，可能造成带压作业。

第四步：氮气置换。

- 氮气瓶误装其他气体，严重时可能造成火灾爆炸；
- 注氮口连接处松动，氮气泄漏，可能造成人员窒息；
- 置换未彻底，残留天然气可能导致火灾、爆炸。

第五步：喷淋口注水。

- 注水口连接处松动，可能导致水管脱落。

第六步：打开人孔。

- 分离器内压力过高，可能导致人孔封盖击伤操作人员；
- 硫化亚铁与空气、天然气，导致闪爆，造成闪爆事故。

第七步：内部检测。

- 局部作业环境差，如空间狭小、不通风；照明工具不防爆，严重时导致人员伤亡，检测活动不能正常进行。

第八步：外部检测。

- 登高作业未设置防护网和未系安全绳，可能导致施工人员遭受机械损伤或高处坠落。

第九步：关闭人孔、关闭排污盲板。

- 使用不合适工具，可能造成操作人员挤伤手指。

第十步：氮气置换。

- 氮气瓶误装其他气体，严重时可能造成火灾爆炸；
- 注氮口连接处松动，氮气泄漏，可能造成人员窒息；
- 置换未彻底，残留天然气可能导致火灾、爆炸。

第十一步：检漏。

- 人孔、排污盲板处密封不良，严重时导致天然气泄漏。

第十二步：关闭放空阀，恢复流程，汇报调度。

- 充压速度过快，可能造成设备损坏。

3. 制定控制措施

完成上一步后，我们需要根据危害辨识的结果制定控制措施，并逐条予以实施。

第一步：检测人员及工具进入现场。

- 搬运工具时缓慢行进、轻拿轻放；正确劳保着装。

第二步：流程切换，旋风分离器停运。

- 操作人员熟悉流程，严格执行工艺流程操作票；一人操作，一人监督；阀门缓开缓关。

第三步：放空泄压。

- 对放空系统进行检查；放空区 50m 内不得有车辆和人员；安排警戒人员；先开球阀，用放空阀控制放空；
- 作业前对进出口球阀进行内漏检查，若存在内漏进行内漏处理。

第四步：氮气置换。

- 使用含氧分析仪、可燃气体检测仪对氮气瓶内气体进行检测，确保气质达标；增加备用检定仪表进行复核；
- 购买合格瓶装氮气；使用含氧检测仪随时监测现场环境；增加备用检定仪表进行复核；使用合格连接部件，规范安装，确保连接紧固；
- 使用检定合格的检测仪器检测天然气；增加备用检定仪表进行复核；使用防爆设备；
- 紧固注水水管，控制水压。

第五步：打开人孔。

- 在打开人孔前，观察压力表示数，当压力表为零时，方可打开；打开人孔时，人孔封头正面不能站人。

第六步：喷淋口注水。

- 喷淋口注水充分并保湿；操作人员熟悉场站火灾；制定爆炸事故应急处置措施。

第七步：内部检测。

● 作业人员正确劳保着装；鼓风机接地良好；核实作业人员资质和培训证明；使用检定合格仪器检测天然气、硫化氢、氧气含量，确保各类气体含量满足作业要求；增加备用检定仪表进行复核；办理进入有限空间作业票；监护和操作人员熟悉人员伤害应急处置程序。

第八步：外部检测。

● 操作人员着防辐射防静电服，戴护目镜；安装临时用电触电保护设备，并办理临时用电许可证；登高检测时，作业人员要系好安全带，设置好防护网，办理高处许可证。

第九步：关闭人孔、关闭排污盲板。

● 操作人员着个人防护服，佩戴手套。

第十步：氮气置换。

● 使用含氧分析仪、可燃气体检测仪对氮气瓶内气体进行检测，确保气质达标；增加备用检定仪表进行复核；

● 购买合格瓶装氮气；使用含氧检测仪随时监测现场环境；增加备用检定仪表进行复核；使用合格连接部件，规范安装，确保连接紧固；

● 使用检定合格的检测仪器检测天然气；增加备用检定仪表进行复核；使用防爆设备。

第十一步：检漏。

● 用肥皂水检漏，出现漏气现象及时处理；定期进行可燃气体检测。

第十二步：关闭放空阀，恢复流程，汇报调度。

● 确保放空阀关到位；阀门缓开缓关。

作业申请人根据风险识别与控制的结果，填写作业许可证，并向上一级提出作业申请。作业单位应根据风险评估的结果编制安全工作方案。通过风险评估确定的危害因素和不可承受的风险，均应在安全工作方案中提出针对性控制措施。

第三节　JSA 在施工管理中的应用

随着我国石化行业不断扩展，油气管道的建设面积也在增大，在油气管道施工过程中，总会存在很多危险因素，而油气管道施工单位在施工管理上却存在着一定的问题，并没有真正地发挥施工管理的实际作用，导致在工程施工中施工人员总是伴随着危险在进行作业。作业安全分析的提出和应用就能够有效地解决这一问题，提高管道施工工人的安全性。

在天然气管道施工中，最需要注意的问题就是"爆炸"问题，而在油气管道施工管理中应用这种作业安全分析，能够实现对工程的安全管理。作业安全分析来自于国外一种安全分析工具，其应用于管道施工中的主要作用是识别并评估管道作业施工中所存在的潜在危害、风险，并针对这一风险采取有效的风险控制措施，以提高燃气管道作业安全性。

作业安全分析(JSA)中的核心步骤是风险评估，而油气管道施工中存在的危害因素主要为几个方面：

第一，管道的挖掘。天然气管道都是敷设在地下的，而在地下有很多错综复杂的光缆、水管等，如不经分析随意开挖易导致其受到破坏，影响城市功能的发挥，同时也会导致天然气管道出现泄漏现象，易引起火灾、爆炸等危险。因此，针对这一问题，要提出相应的控制措施，其控制措施主要有以下几点在开挖前进行物探来确定燃气管道的基本位置、预埋深度及走向，同时还能探测出其他管道的基本位置，提高管道开挖的安全性。在具体挖掘过程中要做好警戒工作，避免外界因素对管道造成损害，对施工人员也要进行随身物品检查，严禁携带易燃易爆物品，在接近管道时尽量进行人工挖掘，防止机械对管道造成损害。除了这些基本的工作外还要做好危险预防工作，即在现场布置好消防和抢救用具，并收集相关抢修部门电话，以便事故发生时及时补救。

第二，天然气放散。天然气的放散会导致其与空气混合，如遇明火会引起爆炸，危害人身安全。为避免这一问题的出现，应提出相应的控制措施，即在管道施工前要预留一段时间对天然气进行放散，并设立警戒，防止无关人员闯入；制作燃气处理工具，对放散出来的燃气进行特定处理；在处理后，利用检测仪器对放散口周围进行检查，如其在爆炸下限的25%就可行管道施工。相应的补充措施为配备安全装置如灭火器、防爆机等。

第三，管道切割、连接。在管道切割与连接时所存在的主要危害就是上游的阀门问题和切割工具的绝缘性问题。如果阀门泄漏，易引起火灾，若工具不绝缘，则会引起触电。切割的控制措施为管径在160mm以上时可机械切割，在剩余5mm时则需人工切割，若管径在160mm以下则需人工切割；切割中用防爆机进行燃气吹散处理。连接的控制措施为对管道进行清洁处理；焊接过程中要保证焊接设备都处于正常状态下，相关安全防护措施和设备也要及时到位。

安全管理的实现方式是小组式，建立作业安全分析小组，进行会议讨论，对工程中的不安全因素进行预防以降低事故发生率，提高作业安全性。

作业安全分析的工作流程如下：

第一步，建立作业安全分析小组。组成该小组的成员主要是相关工程中的技术人员、施工人员、监理人员等，在选择成员过程中，要确保其中有对该工程的流程、施工设备等充分了解的施工人员，有实际作业操作者，还要有施工安全管理的负责人。

第二步，分解作业任务。

第三步，对工程作业步骤进行分析，寻找出其中隐含的危险因素，并把这些危险因素同专业的工程风险清单进行对照，并对现有的对这些危险因素进行控制的措施进行评估和分析，确定其控制的有效性。

第四步，补充不足的危险因素控制措施。该部分工作的主要内容就是针对那些危险性较大，现有措施不足以控制的因素进一步采取有效措施，进行小组探讨研究，并把研究结果记录在安全分析记录表中，供以后参照和分享。

第五步，安全主管的工作。当所有作业安全分析工作完成之后，小组中的安全主管就应该把所分析出来的威胁作业安全性的内容、相应的补充控制措施、相应控制措施负责人等进行明确，并把作业安全分析小组的所有活动记录存档，形成档案数据库，为审查工作做好准备。

第六步，作业任务负责人开展具体工作。该部分的内容主要是相关作业负责人，要根据所讨论的最终结果进行安全任务的布置，把该工程的作业危险因素、危险存在的程度、危险控制方式等都传达给具体的操作人员，并告诫他们在施工中一定要对这些危险因素进行注意。

以下用埋燃气管道和接管工程举例。它的施工过程一般分为：开挖管道、放散燃气、切割组装管道、连接管道、试压管道和回填这六个基本步骤。对每一个工作步骤都可能存在的危险应该采取如下的控制措施。

1. 开挖管道

燃气、自来水、电信和电力等各种管线均埋在地下，所以在施工开挖时极有可能会破坏这些管线。由此可见，开挖管道存在着破坏燃气管道、燃气泄漏后易引起燃烧或爆炸、供水中断、通信中断、塌方等潜在的危害。

控制措施：开挖前进行物探，以确定管道的位置、埋深和走向；通过物探对燃气管道的开挖范围内的各种地下管线的走向、埋深和具体位置进行标记，设置警戒；在开挖路段防止行人和车辆进入；收缴作业人员随身的手机、打火机等，交给指定的人员保管等。

2. 放散燃气

燃气放散存在着潜在的危害：燃气泄漏后和空气混合，易引起燃烧或爆炸。

控制措施：设置警示标志；在放散口处划定一定的警示距离，并专门派人负责警戒，以防止无关的人员进入燃气放散区；制作火炬对放散的燃气采取处理措施，以控制燃烧的速度；用专门的检测仪随时检测放散口周边的燃气体积分数，如若高于了爆炸下限25%的时候则应立即停止放散。在现场配备一定数量的干粉灭火器、一台防爆风机和绝缘棒，并设置一名安全员　以便发现险情时能够立即处置。

3. 管道切割组装

潜在危害：如果上游阀门渗漏，燃气和空气混合，当遇到高温或明火时都将引起爆炸电动工具的绝缘层被损坏易引起触电。

控制措施：当燃气管道是 PE 管时，需采用专门的设备进行切割；当管径小于160mm 时，需由人工切割；当管径大于 160mm 时，则可以采用电锯先围绕管道切割一周，剩余的 5mm 再由人工进行切割；切割的过程中不断使用防爆风机进行扫吹，使管道内散发的燃气能够尽快稀释。

4. 管道连接

潜在危害：如果上游阀门渗漏，燃气和空气混合，当遇到高温或明火时都将引起爆炸、触电。

控制措施：去掉管道上的防腐层并清洁管道表面上的污迹，检查防爆风机、焊接的设备、电缆线绝缘的情况是否保持良好。

5. 管道试压

潜在危害：因焊接的质量不合格，燃气泄漏后和空气混合，当遇到高温或明火时都将引起爆炸。

控制措施：缓慢地开启燃气的管道阀门，促使燃气能够慢慢地进入施工的作业管段，待压力平衡后再用肥皂水或泄漏检测仪对施工作业的管段进行检测。

6. 回填

潜在危害：大力、野蛮的作业可能导致石头、钢材等尖锐物将管道损坏。

控制措施：利用人工将回填土、较大石头或尖锐物清除，并将它们回填到管顶以上的300mm处，采用机械将其回填到地面规定的标高。

根据安全分析会议所确定的上述内容，来填写对应的《安全作业分析表》，见表4.11。待完成该表后，该作业任务的负责人就应该做好以下的工作。将该分析表下发给相关作业人员学习，以做好施工前的控制措施准备工作。在施工以前召开一次现场交底会，明确地提醒每一个施工步骤应当采取的安全措施。由各个工作责任人汇提交每一个步骤中安全措施的落实情况，安排专门的人员对各步骤的安全措施是否实施进行核对。待以上所有工作完成以后才可以开始施工。

表4.11　燃气管道埋地及接管 JSA 分析

记录编号：　　　　　　　　　　　　　　　　　　　　　　　　日期：

单位		工作前安全分析组长		分析人员	

工作任务简述：燃气管道埋地及接管

□新工作任务　√已作过工作任务　√交叉作业　□承包商作业　√相关操作规程　√许可证　□特种作业
人员资质证明

工作步骤	危害描述	后果及影响人员	风险评价				现有控制措施	建议改进措施	残余风险是否可接受
			可能性	严重度	风险值	风险等级			
1. 开挖管道	破坏燃气管道	燃气泄漏后易引起燃烧或爆炸、供水中断、通信中断、塌方	3	4	9	中	开挖前进行物探，以确定管道的位置、埋深和走向；通过物探对燃气管道的开挖范围内的各种地下管线的走向、埋深和具体位置进行标记，设置警戒；在开挖路段防止行人和车辆进入；收缴作业人员随身的手机、打火机等，交于指定的人员保管	无	是

工作步骤	危害描述	后果及影响人员	风险评价				现有控制措施	建议改进措施	残余风险是否可接受
			可能性	严重度	风险值	风险等级			
2. 放散燃气	燃气泄漏后和空气混合	易引起燃烧或爆炸	3	4	12	中	设置警示标志；在放散口处划定一定的警示距离，并专门派人负责警戒，以防止无关的人员进入燃气放散区；制作火炬对放散的燃气采取处理措施，以控制燃烧的速度；用专门的检测仪随时检测放散口周边的燃气体积分数，如若高于爆炸下限的25%则应立即停止放散	无	是
3. 切割组装管道	上游阀门渗漏，燃气和空气混合	当遇到高温或明火时都将引起爆炸，电动工具的绝缘层被损坏易引起触电	3	4	12	中	当燃气管道是PE管时，需采用专门的设备进行切割；当管径小于160mm时，需用人工切割；当管径大于160mm时，则可以采用电锯先围绕管道切割一周，剩余的5mm再由人工进行切割；切割的过程中不断使用防爆风机进行扫吹，使管道内散发的燃气能够尽快稀释	无	是
4. 连接管道	上游阀门渗漏，燃气和空气混合	当遇到高温或明火时都将引起爆炸、触电	3	3	9	中	去掉管道上的防腐层并清洁管道表面上的污迹，检查防爆风机、焊接的设备、电缆线绝缘的情况是否保持良好	无	是
5. 试压管道	因焊接的质量不合格，燃气泄漏后和空气混合	当遇到高温或明火时都将引起爆炸	3	4	12	中	缓慢地开启燃气的管道阀门，促使燃气能够慢慢地进入施工的作业管段，待压力平衡后再用肥皂水或泄漏检测仪对施工作业的管段进行检测	无	是
6. 回填	大力、野蛮地作业	可能导致石头、钢材等尖锐物将管道损坏	2	3	6	低	利用人工将回填土、较大石头或尖锐物清除，并将它们回填到管顶以上的300mm处，采用机械将其回填到地面规定的标高	无	是

附录 A　作业危害分析表（PPEME）

作业危害分析表（PPEME）

	人员		程序/计划		设备/工具		材料		工作环境	
1	特殊作业人员是否具备资质	1	是否有相关安全作业程序	1	完成工作所需要的设备/工具	1	有腐蚀性的材料：酸、碱等		内部环境	
2	作业人员是否有足够的与本工作相关的知识和培训	2	现有安全作业程序是否足够	a	工具是否防爆		易燃易爆材料	a	工作场所布局是否狭小	
3	新员工/新手占作业队伍的比例大不大（60%以上）	3	是否需要专门为该项作业制定程序	b	工具是否合适	a	气割使用的压缩气	b	设备被布局造成工作障碍影响行动，视线和沟通	
4	作业人员选择是否合适 如	4	是否有应急程序	c	工具是否损坏/有缺陷	b	油漆/稀料	c	工作场所照明是否足够 如：暗，眩目	
a	体力和身材	5	现有应急程序是否足够	d	工具是否经过效验（如仪表等）	2	燃料油/气和其他油料	d	工作场所通风是否足够	
b	视力-色盲/近视，听觉缺陷	6	是否需要专门为该项作业制定应急程序	e	吊装设备是否有三方检验证书、SWL标志、破损等	c		e	工作场所温度过高和过低（中暑，冻伤）	1
c	是否适合女工，如怀孕、经期等	7	大型重物吊装是否有吊装方案	f	吊装设备使用前是否经过检查	d	易燃易爆化学品	f	工作场所噪音过高	
d	是否有年龄限制	8	是否有吊装设备的检查程序	g	压缩气瓶是否摆放合理，相关附件是否经过检查	e	炸药/雷管	g	工作场所地面光滑如：有积水/油、结冰、积雪等	
e	影响工作的疾病，如心脏病、高血压、血糖低、残疾、恐高症、癫痫等	9	对有放射源的设备是否有安全使用要求	h	所用电气设备、电线和接地保护状况是否完好（电击）		有毒有害材料	h	工作场所工具，物品，设备存放不整洁规范	
		10	本项工作是否有相关的事故数据或经验教训	i	是否使用带有辐射源的设备	3 a	石棉/含石棉材料-Asbestos Contained Material-ACM	i	没有合适的警示标志	
								硫化氢-H_2S，汞		

· 85 ·

人　员		程序/计划		设备/工具		材料		工作环境	
5	身体移动和站位			1				1	
a	长时间重复弯腰，扭腰，过度用力等	11	职责分配不清，或有冲突	j	是否使用了爆炸设备	b	有毒有害化学品	j	工作场所的警报系统不足
b	上下/爬高作业	12	施工方案/计划是否充分	k	脚手架是否已检查挂牌	c	含铅油漆	k	洞口，临边设有防护（人员，工具，设备坠落等）
c	站在移动和固定物体之间	13	作业时间是否太紧，是否需要夜晚作业	l	各种车辆状态是否完好，且按功能正确使用	d	自然放射物质 – Naturally Occurring Radioactive Material – NORM（2）	l	工作场所没有适当隔离
d	站在调装的重物之下或路径中，或落物伤害范围内	14	作业方案是否考虑到了可能影响到的交叉作业	m	是否使用了高压力设备如高压清洗设备，喷砂/喷涂设备以及压缩气瓶等	e	惰性气体泄漏如：压缩气体泄漏，惰性气体灭火系统释放/泄漏等	m	没有应急通道或隔离不足
e	站/工作在没有保护的洞口或邻边	15	是否制定了倒班人员的交接计划/方案	n	移动式工作台是否状态良好，包括结构，护栏，踢脚板，轮子及其制动机构	4	使用的化学品是否有 Material Safety Data Sheet – MSDS	n	应急设备和通道没有保持随时可用和畅通
f	手放在容易伤害的挤压点	16	作业人员是否清楚事故隐患的报告程序	o	工具和机械是否按要求撞上了保护装置如安全阀，安全销，自动保护装置等	5	材料使用工程中是否有粉尘产生	o	梯子和上下楼梯是否合格和状况良好
6	作业/安全要求是否与相关人员沟通足够（班前会等）	17	是否规定了紧急集合点，作业人员是否清楚			6	材料使用工程中是否有有害废物产生	p	上空是否有高压线，工艺设施/设备等
7	是否影响到本作业区域交叉作业人员							q	地下是否有电线，通信线和管路等
								r	作业是否会产生明火，火花或高温表面（火灾，烧伤）

人　员	程序/计划	设备/工具		材料		工作环境	
		工作所涉及的工艺流程和设备	2	材料使用工程中是否有易燃易爆产物产生如:电池充电工程中产生如 H_2,电石遇水或受潮产生 CH_4 等	7	作业是否会产生有毒有害物质	s
8 是否影响到社会公众		是否需要能源隔离/挂牌/锁定/试开机	a			作业是否会产生泄漏或环境污染	t
9 是否影响到邻居单位员工		是否有残余压力	b	不同的材料不合理存放/混放	8	下水道和地漏设有需要适当保护	u
10 是否每个人都知道应急的电话号码和电话机的地点		是否有有毒、有害、可燃气体和缺氧的可能	c	油抹布在炎热的天气长期堆放可能自燃	9	是否有合适的休息吃饭场所	v
11 是否每个人都知道自己的工作职责和应急职责		是否有静电产生和防止措施	d	是否涉及到活泼的金属如:钾、钠等	10	是否把重的货物放在货架上部,而轻的货物放在下部	w
12 是否需要人工(单人,或多人一起)搬运重物		接地措施是否完好	e	是否使用了不能与水接触的化学品,参照 MSDS	11	作业场所和工具是否会产生持续强烈的全身/局部震动	x
13 超速驾驶车辆如:叉车、绞车、汽车		机械传动和转动部分是否有防护罩	f			是否存在同一区域内交叉作业带来的其他风险或其不可控制的风险	y
14 错误使用工具、材料和PPE		安全设备是否被正确劳通	g				z
15 超负荷使用吊装设备、电气线路		是否有锋利的边角	h			外部环境	1
16 是否需要外部专业人员如:消防、医务急救人员等		周边设备和流程对工作安全进行有无影响	i			公共交通影响	2 a
17 作业人员是否因饮服用酒类、处方药和毒品而影响安全作业							

人员	程序/计划	设备/工具	材料	工作环境
18 是否有人被其他事情分心如纠纷、矛盾，紧张的同事关系		j 如果不是同种设备更换，是否已经过 MOC 审批		b 外部资源的取得难易程度：专业和应急资源等
		k 周边的感光、感烟、感热探测设备是否会受到作业过程中使用或产生的强光、烟雾、热能或辐射的影响而误动作		c 自然灾害：洪水、滑坡、泥石流、雪崩、塌方等
		2		d 公共治安：人为破坏、恐怖活动、盗抢等
		所需的劳动保护用品		e 恶劣天气：风、雨、雾、雷电、雪、冰雹、强烈的阳光
		a 是否已配备了合适本项工作的劳动保护用品-PPE		2
		b PPE 状况是否良好		
		c 作业人员是否会正确使用 PPE		
		d 特殊的 PPE 是否需要 如：呼吸器、护目镜、绝缘鞋/手套、防酸手套等		
		3		
		是否需要必要的应急设备		
		a 消防设备/人员（必要时包括外部专业资源）		
		b 急救设备和专业人员		
		c 急救药箱/担架/眼睛冲洗设备等		
		4		

附录 B 工作前安全分析表

工作前安全分析表（一）

记录编号：   日期：

单位		工作前安全分析组长		分析人员	

工作任务简述：

□新工作任务　　□已作过工作任务　　□交叉作业　　□承包商作业　　□相关操作规程　　□许可证　　□特种作业人员资质证明

工作步骤	危害描述	后果及影响人员	风险评价				现有控制措施	建议改进措施	残余风险是否可接受
			暴露频率	可能性	严重度	风险值			

工作前安全分析表（二）

记录编号：   日期：

项目/单位		作业负责人（JSA分析组长）		分析人员	
作业名称		使用工具/设备/材料			
作业地点/位置		提交日期			

工作任务简述：

□新工作任务　　□已作过工作任务　　□交叉作业　　□承包商作业　　□相关操作规程　　□许可证　　□特种作业人员资质证明

编号	工作步骤	危害因素描述	风险评价				预防/控制措施/执行人	剩余风险是否可接受	进一步改进措施/执行人
			暴露频率	可能性	严重度	风险值			

总结与完善建议：

参 考 文 献

［1］杜红岩，王延平，卢均臣．2012 年国内外石油化工行业事故统计分析．中国安全生产科学技术，2013，（6）：184-188.

［2］中国安全生产协会注册安全工程师工作委员会．安全生产管理知识．北京：中国大百科出版社，2011.

［3］李程．作业安全分析在燃气管道施工管理的应用浅谈．中国化工贸易，2013，3：313.

［4］Job Hazard Analysis. Occupational Safety and Health Administration, 2002(Revised), OSHA 3071.

［5］中国石油天然气集团公司安全环保与节能部．工作前安全分析实用手册．北京：石油工业出版社，2013.

［6］于化伟，王艳延，李晓磊．作业安全分析研究．安全与环境工程，2008，（6）：116-118.

［7］郎需庆，赵志勇，宫宏，刘全桢．油气管道事故统计分析与安全运行对策．安全技术，2006，（10）：15-17.

［8］廖代兵．管道作业中进行安全分析(JSA)的要点探讨．中国化工贸易，2012，（3）：218.

［9］李利．长输油气管道风险评价及防腐探讨．中国石油和化工标准与质量，2013，（9）：229.

［10］Glenn. David D. Job Safety Analysis Its Role Today. Professional Safety, 2011, 56(3)：48.

［11］杨筱蘅．油气管道安全工程．北京：中国石化出版社，2005.

［12］国家安全生产监督管理总局．安全评价．北京：煤炭工业出版社，2006.